汾河太原河段水华藻及生物源物质抑藻机理研究

王　捷　著

U0195504

海洋出版社

2024 年 · 北京

图书在版编目（CIP）数据

汾河太原河段水华藻及生物源物质抑藻机理研究/
王捷著 . --北京：海洋出版社，2024.6
ISBN 978-7-5210-1275-0

Ⅰ . Q949.2

中国国家版本馆 CIP 数据核字第 20248927N4 号

责任编辑：高朝君
责任印制：安　淼

海洋出版社　　出版发行

http：//www.oceanpress.com.cn
北京市海淀区大慧寺路 8 号　邮编：100081
涿州市殷润文化传播有限公司印刷　　新华书店发行所经销
2024 年 6 月第 1 版　2024 年 7 月北京第 1 次印刷
开本：710 mm×1000 mm　1/16　印张：9.5
字数：168 千字　定价：98.00 元
发行部：010-62100090　总编室：010-62100034
海洋版图书印、装错误可随时退换

前　言

　　山西省水资源严重匮乏，省内河流屈指可数，其中最大且最长的河流是汾河，其在维持山西生态环境、经济发展和居民生活方面起着不可估量的作用。汾河太原河段处于汾河流域的中段。随着工业发展和城市人口的迅速膨胀，水体富营养化日益严重，导致水质开始恶化。2011 年 8 月，汾河太原河段暴发了大规模的蓝藻水华，被污染的水域长达数千米，其后每年都会产生不等面积的水华。因此，控制藻类的大量生长和繁殖，消除频繁出现的有害蓝藻水华，成为一个亟待解决的环境问题。2012—2016 年，本研究对汾河太原河段水体中的浮游植物和水华优势种进行了鉴定，首次发现产微囊藻毒素和藻源异味物质种类。为了控制水华，本研究还进行了环境友好型的控藻方法及抑藻机理的研究。

　　本书主要包括四大部分，共 8 章。第一章介绍了汾河太原河段水质现状及水华现象、水华的危害、水华藻的分类和水华的防控措施，即本书的主要研究内容。第二章和第三章介绍了观察到的汾河太原河段浮游植物种类、区系组成，以及浮游植物优势种。研究中还首次发现汾河太原河段水体中的微囊藻产毒素和异味物质，经过嗅觉气味判断及与常见异味种类标准品的比对，确定微囊藻产生的异味物质主要为 β-环柠檬醛。第四至第七章详细介绍了多酚类化合物——连苯三酚、黄酮类化合物——5，4′-二羟基黄酮（5，4′-dihydroxyflavone，5，4′-DHF）和异喹啉类生物碱——原阿片碱对铜绿微囊藻 TY001 的抑制作用及机理，实验结果表明，它们是环境友好且抑藻效率高的化感物质，可应用于控制铜绿微囊藻水华，而光合抑制、氧化损伤和 DNA 损伤是对铜绿微囊藻抑制的主要机理。第八章是研究结论和展望。本书实验成果不仅为汾河太原河段水华防控提供了参考，而且为新型除藻生物源物质的开发和实际应用提供了理论依据。

　　本书的编写得到了太原师范学院刘敏、武晓英、刘庚、李博、李艳晖、孟志龙、王清华、唐秀丽，山西大学谢树莲、冯佳、刘琪、吕俊平，山西工程科技职业大学石瑛，晋中学院罗爱国、史胜利，山西省生态环境监测和应急保障中心

1

（山西省生态环境科学研究院）马晓勇、范晓周、白瑞、李进峰以及本学院领导及同事的鼓舞与支持。感谢研究生孔令佳、王嘉姝、谭梅娟、李雅吉、肖喆、张婷和岳先丽对本书编写提供的帮助。

本书的出版得到山西省"1331 工程"服务流域生态治理产业创新学科集群提质增效建设项目、山西省"1331 工程"藻类污水防治及资源化利用重点创新团队建设项目（TD201718）和汾河流域地表过程与资源生态安全山西省重点实验室经费的资助。

由于作者水平有限，加之时间仓促，本书疏漏、贻误之处在所难免，祈望读者不吝赐教。

作者

2024 年 7 月

目　录

第一章　绪论

1.1　汾河太原河段水质现状及水华现象

山西省是中国煤炭资源丰富的大省，但也是水资源严重匮乏的省份之一。素有"山西母亲河"之称的汾河是省内最大、最长的河流，其发源于晋西北的忻州市宁武县宋家崖，途经 6 市 34 县，纵贯山西南北，在山西经济发展和居民生活中起着不可估量的作用（王鹏，2011）。

汾河太原河段（见图 1.1）处于汾河流域的中段，全长大约 30 km，贯穿太原盆地五大区，其中汾河景区段已形成集休闲、度假、观光旅游为一体，以"人、城市、生态、文化"为主题的大型公园。目前，该区段全长 20.5 km，水面宽 500 m，总绿化面积 4 km²，蓄水面积 6 km²，蓄水量约 1×10^7 m³（王鹏，2011；王捷等，2015；Wang et al.，2016a）。由于汾河附近未经处理的居民生活污水、沿线工业和农业废水、汛期地表雨水及雨污合流污染物不断排入汾河段水体，其污染程度大大超出了水体的自净能力，富营养化日益严重，导致水质恶化。

2011 年 8 月，太原市汾河景区的迎泽大桥和南内环桥段暴发大规模蓝藻水华，汾河两岸聚集了大量的藻类，连成了两条绿色的"水华油漆带"，被污染的水域长达数千米。这也是汾河景区段首次遭遇大面积水华。至今，汾河太原河段每年都会出现水华现象，多发生于夏、秋两季。主要是由于适宜的自然环境（光照、温度和营养盐等）为浮游植物提供了良好的生活源，导致水华暴发频繁。发生水华的优势种也会出现一定的变化，呈现出年度和季节更替现象，而蓝藻在数量和时空分布上占有绝对优势（王捷等，2015）。据山西大学环境保护协会的调查显示，汾河太原河段水质未达到正常用水的最低要求，污染严重超标。太原市环保部门的监测结果评价该段为中度富营养化水体。

1

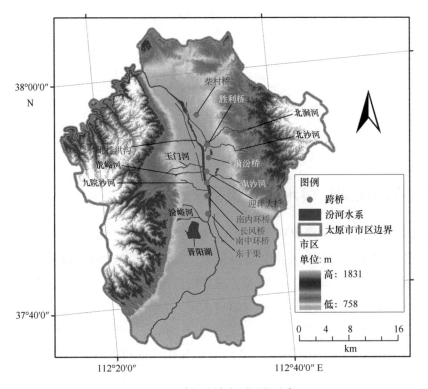

图 1.1　汾河流域太原河段示意

1.2　水体富营养化及水华发生

富营养化一般是指江河湖海和水库等缓流水体中营养盐（主要是氮和磷）增加导致水生植物和浮游植物暴发性增殖的现象（OECD，1982；Huang et al.，2016）。由于水体的富营养化，加上适宜的光照和温度等环境条件，浮游植物呈指数倍增长，某些藻类短时间内成为优势种群，大面积覆盖于水体表面，称为水华。水华发生可导致水生态系统受到破坏，溶解氧下降，水质恶化（Shi et al.，2016）。

我国长江中下游平原集中分布的四大淡水湖——鄱阳湖（江西省）、洞庭湖（湖南省）、太湖（江苏省）、巢湖（安徽省），以及云南省最大淡水湖滇池都是水景之圣地，游览之佳境，是中国亮丽的湖泊风景线，但现在每年都在遭受水华的侵害。最严重的是与人类生活息息相关的大型水库，如陆水水库（湖北省）、三峡水库（湖北省）、大沙河水库（广东省）、红枫湖水库（贵州省）和汤溪水库（广东省）也在频繁发生水华。一些江河（如汉江），城市景观湖泊（如南京玄武湖、武汉墨水湖），公园（如汾河公园）经常被报道有不同程度的水华发生。究其根源，主要是因人为因素导致水体环境富营养化加速。水华给人类带来的经济损失逐年递增，控制水体的富营养化及其引起的水华刻不容缓。

1.2.1 中国湖泊富营养化程度及评价标准

中国湖泊众多，总面积占国土面积的 0.95%，长江中下游和东部沿海分布着较多的浅水湖泊（孔繁翔和宋立荣，2011）。根据我国国情和环境治理的综合水平，全国主要湖泊、水库富营养化调查研究课题组于 1987 年制定了中国水体富营养化评价标准（表 1.1）。长江中下游地区的浅水型湖泊太湖、巢湖和云南省的淡水湖滇池水质变化极大，太湖和滇池在 20 世纪 60 年代处于贫中营养水平，90 年代到 21 世纪初迅速达到富营养化水平，目前，总体水质为劣 V 类，营养状态为中度富营养化。而巢湖在 20 世纪 70 年代水质就变差，并且多次出现水华现象，现在全湖水质也为劣 V 类，主要的污染评价指数均大大超过湖泊富营养化评价标准，水华一触即发（徐瑶，2011）。

表 1.1 湖泊营养状态指示

营养状态	叶绿素含量 （mg/m³）	总磷含量 （mg/L）	总氮含量 （mg/L）	高锰酸盐指数 （mg/L）	透明度 （m）
贫营养	≤1.0	≤0.002	≤0.04	≤0.3	≥10
贫中营养	≤2.0	0.002~0.025	0.04~0.5	≤0.4	≥5.0
中营养	≤4.0	0.025~00.5	0.5~1.0	≤2.0	≥1.5
中富营养	≤10	0.05~0.1	1.0~1.5	≤4.0	≥1.0
富营养	≤65	0.1~0.2	1.5~2.0	≤10	≥0.4
超富营养	>80	≥0.2	≥2.0	>10	<0.4

1.2.2 水华暴发机制

水体富营养化是水华发生的基本条件，水文气象是"催化剂"，各种因素相互作用导致水华暴发。原核生物蓝藻和真核生物绿藻、裸藻、硅藻、甲藻、金藻和隐藻都可在一定的条件下形成水华，其危害性都比较大。其中，蓝藻水华已成为全球富营养化水体中发生最广、危害最大的水华类型（谢平，2007）。

蓝藻水华发生的主要生物学机制有以下几种。

（1）低光补偿及高光耐受机制：蓝藻具有特殊的光合作用色素——藻胆素，吸收光谱更宽，可适应弱光条件生存。强光对真核藻类的光合作用有一定的影响，但是蓝藻在强光下可合成大量类胡萝卜素来抵抗这种不良环境，从而免受伤害（Paerl et al.，1983）。

（2）奢侈消费机制：水华蓝藻可以吸收大量的氮、磷等营养物质，以其自身特殊的形式储存于体内，抵御营养缺乏的环境（Jansson et al.，1988）。

（3）固氮机制：当水环境中氮源供应不足时，具有异形胞的蓝藻可以使自身固氮，提高竞争力。

（4）无机碳浓缩机制（Ci-Concentrating Mechanism，CCM）：蓝藻可吸收和浓缩外源有限的无机碳，在体内大量积累，保证其在低碳环境中持续稳定增长（Visser et al.，2016）。

（5）休眠机制：水华蓝藻在低温等不利的生长条件下，可形成厚壁孢子和藻殖段等休眠体，进入底泥通过休眠度过不良环境期。当生长环境有利其生长时，休眠体会复苏，可再次形成水华（Verspagen et al.，2005）。

（6）自动浮力调节机制：具有伪空胞的水华蓝藻，通过控制伪空胞的数量上下沉浮，调节浮力，吸收光能进行光合作用（Li et al.，2016）。

（7）生态位替补竞争机制：不同的环境和时期有不同的蓝藻形成优势种。

（8）产毒素机制：蓝藻产生的藻毒素可抑制其他水生植物和藻类的生长（Shao et al.，2013a；Zheng et al.，2013）。

1.3　水华的危害

浮游植物是水生态系统中的初级生产者和溶解氧供应者，是水体中食物链和食物网的基础，维持着水生态系统的平衡和健康（刘建康，1999；Lepistö L et al.，2004）。近年来，由于我国经济快速稳定的发展，人类活动日益频繁，大量含氮、磷的工业废水，农业废水和生活污水持续不断地排入缓流水体中，加速了富营养化的发生；藻类在极短时间内大规模生长，迅速成团成片地漂浮在水体表面，打破了水体原有的稳态，影响了水生动植物及人类的正常生活，并且带来了巨大的危害。

1.3.1　影响自然景观

发生水华的水体中，大量的藻类植物漂浮在水面上。在适宜的环境条件下，还会形成厚厚的藻层，覆盖于水体表面，使透明度降低，将空气和水体的气体交换阻断，造成溶解氧减少，影响了水生动植物的呼吸和光合作用。此外，藻类大规模死亡后，也会消耗大量的溶解氧，造成水体中溶解氧含量急剧降低，严重时甚至会出现厌氧状态，加快了沉水植物和水生动物的死亡。

在水华严重的地方，还会出现水体浑浊，水色呈深黑褐色，产生气泡并伴有恶臭气味，水质迅速恶化的现象，即"湖泛"。2009 年，我国常年处于水华状态的江苏太湖发生了 11 次"湖泛"现象（陆桂华和马倩，2010），之后每年都有水华或"湖泛"发生。在发生水华或"湖泛"的景区，绿绿的水藻层和恶臭的水体，破坏了水体景观和观赏者的心情，对当地旅游业造成极大影响。

1.3.2　藻毒素的产生

藻类植物种类繁多，海水藻类可引起赤潮，淡水藻类则可引发水华。海水藻种和淡水藻种都可产生藻毒素。目前，研究发现分布最广、产量和危害最大的是淡水藻类产生和释放的次生代谢产物——蓝藻毒素（Cyanotoxin）（Neilan et al.，2013）。它的化学性质相当稳定，自然降解缓慢，且具有高耐热性，自来水厂中常规的消毒处理不能将其完全去除，对人类和牲畜有很大的致毒作用（张庭廷和张胜娟，2014）。因此，对蓝藻毒素种类、毒性、产毒藻种类及毒素基因水平的研究具有非常重要的意义。

1.3.2.1　蓝藻毒素的类型及结构

蓝藻门（Cyanophyta）中的多个种类可产生蓝藻毒素。由于其结构较复杂，分子上某个基团的变化就会产生新的毒素种类，依据其化学结构，主要分为寡肽类（Oligopeptides）、生物碱类（Alkaloid）和脂多糖类（Lipopolysaccharide）等毒素，主要具有细胞毒性、肝毒性、神经毒性、皮炎毒性和内毒性（Svrcek and Smith，2004；Cirés and Ballot，2016），具体见表 1.2。

表 1.2 蓝藻毒素及产毒蓝藻

化学结构	毒素种类		毒性特征	种类
寡肽类	线形结构	铜绿菌素（Aeruginosins）	细胞毒性	微囊藻（Microcystis）
		Microginins	细胞毒性	微囊藻
	环形结构	微囊藻毒素（Microcystins）	肝毒性	微囊藻、鱼腥藻（Anabaena）、念珠藻（Nostoc）、浮丝藻（Planktothrix）、席藻（Phormidium）、陆生软管藻（Hapalosiphon）
	节球藻毒素（Nodularins）		肝毒性	节球藻（Nodularia）
	Cyanopeptolins		细胞毒性	微囊藻、浮丝藻、伪枝藻（Scytonema）
	Anabaenopeptins		细胞毒性	鱼腥藻
	Microviridins		细胞毒性	微囊藻
	Hormothamnin A		肝毒性	Hormothamnion
生物碱类	类毒素（Anatoxins）		神经毒性	束丝藻（Aphanizomenon）、鱼腥藻、颤藻（Oscillatoria）
	麻痹性贝类中毒（PSP）如石房蛤毒素（Saxitoxins）		神经毒性	鱼腥藻、束丝藻、尖头藻（Raphidiopsis）、鞘丝藻（Lyngbya）、拟柱孢藻（Cylindrospermopsis）
	拟柱孢藻毒素（Cylindrospermopsins）		肝毒性、细胞毒性	束丝藻、鱼腥藻、拟柱孢藻、Umezakia、尖头藻、鞘丝藻、颤藻
	鞘丝藻毒素（Lyngbyatoxins）		皮炎毒性	浮丝藻、颤藻、Moorea、裂须藻（Schizothrix）鞘丝藻
	Hapalindole A		细胞毒性	陆生软管藻（Hapalosiphon）、侧生藻（Fischerella）
	Calothrixin A		细胞毒性	眉藻（Calothrix）
脂多糖类	脂多糖内毒素		内毒性、皮炎毒性	所有蓝藻
脂肽类	Jamaicamides		神经毒性、细胞毒性	Moorea
内酯类	Aplysiatoxins		皮炎毒性	Moorea、颤藻、裂须藻
	Scytophycins		细胞毒性	伪枝藻、单岐藻（Tolypothrix）、念珠藻
	Acutiphycin		细胞毒性	颤藻
氨基酸类	β-甲氨基-L-丙氨酸（BMAA）		神经毒性	多种蓝藻

6

寡肽类毒素依据其多肽链是否成环，可以分为线形结构和环形结构。微囊藻毒素（Microcystins，MCs）是 Botes 等人最早在铜绿微囊藻（*Microcystis aeruginosa*）中发现的，它是一种有生物活性的肝毒素（Botes et al.，1982；Makower et al.，2015）。研究发现，其具有 7 个氨基酸单环肽结构（D-Ala^1-X^2-D-MeAsp^3-Z^4-Adda^5-D-Glu^6-Mdha^7）（Zhu et al.，2014），其中处于第 5 位的 Adda（3-amino-9-methoxy-2, 6, 8-trimethyl-10-phenyl-4, 6-decadienoic acid）是一种比较特殊的氨基酸，它是控制 MCs 毒性强弱或有无的关键基团（Bagu et al.，1997）。由于 MCs 结构中的 7 个氨基酸都可发生一定的变异，尤其是第 2 位和第 4 位上的 X 和 Z 的变化以及 Asp 和 Dha 的甲基化和去甲基化，已经产生了 90 多种 MCs 异构体，其中存在最广泛、研究较多的是 MC-LR（L 代表亮氨酸 Leu）、MC-RR（R 代表精氨酸 Arg）和 MC-YR（Y 代表酪氨酸 Tyr）三种类型（吴来燕，2011；Singh S et al.，2015；Yang and Kong，2015）。

生物碱类毒素是一类含氮杂环化合物，它们多是由氨基酸衍变而来，主要作用于动物的神经系统，对乙酰胆碱的释放有一定的抑制作用，严重时会引起窒息甚至死亡（Devlin et al.，1977）。脂多糖是蓝藻细胞壁的组成成分，是一种内毒素，可使人发热和皮肤过敏（蒋永光，2014）。脂肽类毒素可阻滞钠离子通道，对人具有神经和细胞毒性（Edwards et al.，2004）。内酯类毒素可引起人的炎症反应和动物的细胞损伤或死亡（Taylor et al.，2014）。氨基酸类毒素已在多种蓝藻中发现，是一种神经毒素。据报道，BMAA（β-methylamino-L-alanine）是太平洋关岛居民老年性痴呆症高发病率的诱因之一（Cox et al.，2005；蒋永光，2014）。

1.3.2.2　微囊藻毒素的生物合成

微囊藻毒素主要是由微囊藻属、浮丝藻属和鱼腥藻属中的有毒株产生。目前，微囊藻、浮丝藻和鱼腥藻中的微囊藻毒素合成基因（microcystin synthetase genes，mcy）全序列已经测定完成。序列比对结果显示，不同属的 *mcy* 基因结构极为相似，但是基因排列有较大的区别（Dittmann et al.，2013；潘倩倩等，2014；Beversdorf et al.，2015）。Tillett 等人（2000）通过基因缺失和突变分析，最先在铜绿微囊藻 PCC7806 中解析出 *mcy* 基因簇及合成路径。该基因簇全长 55 kb，由 10 个开放阅读框组成，包含 *mcy*A-C 和 *mcy*D-J 两个操纵子，主要编码聚酮合酶（polyketide synthase，PKS）和非核糖体合成酶（non-ribosomal peptide synthetase，NRPS）。微囊藻毒素主要是由 PKS 和 NRPS 等特殊酶连续催化 48 个反应（其中 45 个催化反应合成 MCs 的主体结构），通过非核糖体途径合成生物活性小肽分子（吴来燕，2011）。Davis 等人（2009）研究表明，含有 *mcy* 基因的藻株并非绝对产生藻毒素，而不含有 *mcy* 基因的藻株产毒素可能性较小。

1.3.2.3 微囊藻毒素的含量标准及危害

微囊藻毒素的毒性在自然界中仅次于二噁英（Dioxin），它是一种细胞内毒素，在生物体内具有富集作用。美国、英国、澳大利亚和中国等国都检测到某些饮用水水源中有 MCs。世界卫生组织建议饮用水中 MCs 含量应低于 1 μg/L。21 世纪初，我国卫生部和国家环境保护总局规定饮用水水源中 MC-LR 含量的基准值为 1 μg/L（徐瑶，2011；张庭廷和张胜娟，2014）。

大量研究表明，MCs 主要是通过抑制蛋白磷酸化酶（PP1 和 PP2A）的活性，导致细胞内蛋白质活性调控的关键途径磷酸化和去磷酸化水平失衡，破坏了细胞骨架，是肿瘤形成的促进剂（秦伟和王婷，2014）。MCs 主要具有肝毒性，长久饮用含有 MCs 的水会引起肝损伤，甚至肝癌。目前，关于 MCs 引起肝中毒的报道不少，最严重的是 1996 年巴西血液透析事件，造成了 126 人急性或亚急性肝中毒，53 人死亡。主要表现为耳鸣、头痛及眩晕等神经症状，还有肝脏肿大、肝功能衰竭甚至肝坏死等现象（徐瑶，2011）。有研究结果显示，无论是无脊椎动物还是鱼类，肝脏都是 MCs 的主要富集地（Chen and Xie，2005；Chen et al.，2006）。MCs 还具有肾毒性，它通过肾脏进行代谢和排泄，因此，肾脏成为它的另一靶器官。Ito 等（2002）的研究显示，肾脏中也会积聚 MCs，因此 MCs 可能对肾脏具有更大的毒性。Milutinović等（2003）的研究表明，MCs 可破坏小鼠的肾小球毛细管簇，从而对小鼠的肾脏造成一定病理损伤。此外，MCs 还具有遗传毒性、生殖毒性、肠毒性和胚胎毒性，并能引起皮肤过敏，对心脏、肺和神经系统等器官和系统都能产生一定的损伤（秦伟和王婷，2014）。

近年来，与人类健康安全相关的 MCs 中毒事件时有报道。流行病学调查显示，MCs 同我国东南沿海一些地区，如江苏省海门和启东市，广西绥远地区和厦门市同安区原发性肝癌的高发病率密切相关（Yu，1995；Ueno et al.，1996）。近年来，MCs 已经加速侵入我们的生活。据报道，我国一些湖泊、水库等水源地的 MCs 含量相对较低，但是它的慢性毒性也应该引起我们的重视，应加大水源地的毒素含量监测力度。

1.3.3　异味物质的产生

1.3.3.1　水体异味来源

水体异味主要源于化学和生物致味物质（王中杰，2012）。化学致味物质导致水体出现异味，主要表现在：①生活污水和工农业废水异味（如农药等）；②自来水厂消毒剂（含氯化合物）产生的异味。生物致味物质导致水体出现异味，主要表现在：①富营养化水体中浮游植物大量生长产生的藻源性异味；②水华腐败厌氧发酵产生的异味；③微生物分解有机物产生的异味。

化学性致味物质的污染源及污染物容易确定，易消除。但生物性致味物质来源比较广泛，产异味藻类难确定，导致自然水体和饮用水中的异味物质难以去除，现已成为世界性的问题（许燕娟和曹旭静，2014）。

1.3.3.2　水体异味的种类

目前，已经通过感官鉴定出多种多样的水体异味物质，但是由于不同异味物质可能会产生相同的嗅觉异味或者同一异味物质在不同的浓度下会产生不同的嗅觉异味，给异味物质的鉴定带来了一定的困难。国内外研究人员一直致力于异味物质的鉴定分类和分析：1999 年，Suffet 等（1999）研究出了饮用水异味轮状图，图中清晰地显示了饮用水中的异味物质种类及其产生的化合物（图 1.2）。土霉味和草木味是淡水水体中分布最广、出现最多的味道，土腥味主要是由土腥素（Geosmin，GSM）和 2-MIB（2-Methylisoborneol）引起（Jüttner and Watson，2007；Suurnäkki et al.，2015），而草木味主要由 β-环柠檬醛（β-Cyclocitral）和 β-紫罗兰酮（β-Ionone）两种化合物引起（王中杰，2012）。

1.3.3.3　水体异味物质分析方法

水体异味物质的分析主要有感官和仪器分析两种方法（刘立明，2011）。感官分析主要是靠人的嗅觉来确定异味物质的类别和强度，但是感官分析可能受到温度等条件的影响，会出现判断上的偏差，造成结果不可靠。随着科技的迅速发展，中大型仪器的检测精度也在不断提升，气相色谱氢火焰离子检测器（Gas chromatography-Flame ion detector，GC-FID）和气相色谱-质谱联用（Gas chromatography-Mass spectrum，GC-MS）仪已经成为对环境中的异味物质进行分析的常

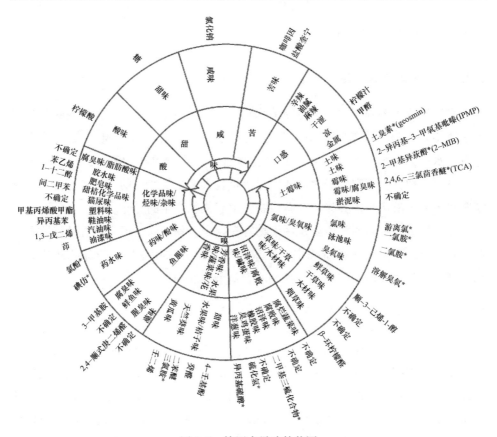

图 1.2　饮用水异味轮状图

注：＊为已确定可以引起饮用水中味觉或嗅觉问题的化学物质

（资料来源：Suffet et al.，1999；刘立明，2011）

用仪器。目前，分析异味物质样品最常用的是顶空－固相微萃取技术（IIS－SPME）结合气相色谱的方法，检测物质的灵敏度已经达到了 1~2 ng/L 水平，对饮用水中挥发性物质的检测也具有极高的灵敏度和分辨率（Lin et al.，2009）。

1.3.4　影响社会经济及人类生活

水华的产生会给渔业和水产养殖业带来极大的经济损失。水华发生时，藻类成片地覆盖于水面，水体中溶解氧含量严重降低，导致水生动物死亡。水华藻类产生的次生代谢产物藻毒素除了对人类的肝脏、肾脏及其他器官产生极大的损害，还可产生另一种代谢产物异味物质影响供水水质，提高了供水成本，给人类的经济和生活带来不可估量的损失（王捷等，2011；潘倩倩，2013；Wang et al.，2016b）。世界上很多国家如美国、德国、日本、澳大利亚、瑞士、挪威和丹麦等国的湖泊或水源地都曾发生水生生物引起的水体异味事件。2007年，江苏省无锡市城区发生了非常严重的自来水臭味事件，自来水完全不能正常饮用，给当地市民的生活带来了极大的影响（王中杰，2012）。

1.4　水华藻的分类

在适宜的条件下，可引起水华发生的藻类主要有蓝藻门、绿藻门、硅藻门、金藻门、甲藻门、裸藻门和隐藻门的一些种类（胡鸿钧和魏印心，2006；胡洪营等，2006；金红春等，2009）。在目前的分类系统中，到底哪些种类可产生藻毒素，哪些种类会产生异味物质，哪些种类可持续产生水华，哪些种类产生的水华会在较短的时间内消失，回答了这些问题以后，才可对水华对症治理。因此，水华种类的精准鉴定对于采取科学、准确的治理对策和后续的科学研究具有非常重要的意义。

1.4.1　经典形态学分类方法

藻类的经典分类学方法是一种对生物体的形态全面观察并找出物种差异进行分类的方法，遵循国际植物命名法规，并以拉丁文命名。目前，国际上的藻类分类系统不断进行修订，中国也紧跟国际步伐进行修订。我国的藻类分类学家胡鸿钧和魏印心教授于2006年出版的《中国淡水藻类——系统、分类及生态》一书中，把淡水藻类共分为13个门，主要有蓝藻门、原绿藻门（Prochlorophyta）、灰色藻门（Glaucophyta）、红藻门（Rhodophyta）、金藻门（Chrysophyta）、定鞭藻门（Haptophyta）、黄藻门（Xanthophyta）、硅藻门（Bacillariophyta）、褐藻门（Phaeophyta）、隐藻门（Cryptophyta）、甲藻门（Dinophyta）、裸藻门（Englenophyta）和绿藻门（Chlorophyta），受到中国淡水藻类分类学者的普遍认可。

蓝藻，也称为蓝细菌（Cyanobacteria），是一类可进行光合作用的原核生物，结构相对简单，但形态多样，有单细胞、群体和丝状体等类型。藻类的分类地位主要是根据细胞、异形胞（heterocyst）和厚壁孢子（akinete）的大小、形态、相对位置、末端细胞的形态及胶鞘和伪空泡的有无等特征来确定（胡鸿钧和魏印心，2006）。1985年，蓝藻归类为蓝藻门，蓝藻纲（Cyanophyceae），包括4个目：色球藻目（Chroococcales）、颤藻目（Oscillatoriales）、念珠藻目（Nostocales）和真枝藻目（Stigonematales）。但是，分类学家经过大量研究发现，蓝藻纲可分为 5 个目：色球藻目、宽球藻目（Pleurocapsales）、颤藻目、念珠藻目和真枝藻目（Castenholz and Phylum，2001）。

目前，通过显微镜形态观察鉴定的淡水蓝藻有 2000 多种（Graham and Wilcox，2000），我国发现了 1000 多种。Song 等（2015）通过对在广东省鼎湖山采集的真枝藻进行形态描述和比较，采用多种分析方法确定了真枝藻属（Stigonema）中的一个新种（S. dinghuense）。Li 等（2015）以经典分类学方法为基本手段，并结合其他分类学方法，确定了拟圆孢藻属（Sphaerospermopsis）中的一个稀有的中国新记录种——真紧密拟圆孢藻（S. eucompacta）。

硅藻的经典分类学研究主要是对硅藻的壳面和壳缝进行观察，通过壳面是否对称及其上的孔纹数量、类型和位置，以及壳缝的类型进行分类。Liu 等（2015）对四川省若尔盖湿地的淡水硅藻进行了研究，通过光学显微镜和电子显微镜等经典分类学方法，发现了类辐节藻属（Prestauroneis）的两个新种——嫩哇类辐节藻（P. nenwai）和洛伊类辐节藻（P. lowei）。Kociolek 等（2015）通过经典分类学方法对中国和北美地区的淡水硅藻进行了研究，重新对异级藻科（Gomphonemataceae）进行了分类修订。

绿藻的经典分类学研究主要是根据绿藻的细胞类型、鞭毛类型、蛋白核的有无及数量、色素体形态、有无液泡和眼点、细胞核位置和生殖类型等进行分类。Zhu 等（2015）对我国热带地区的叶楯藻属（Phycopeltis）植物进行了详细的细胞形态描述，确定了本属、种的分类地位。Song 等（2015）对在河南省周口市采集到的一株绿藻进行了分类纯化，通过经典分类学等方法比较，确定其为绿藻门中的一个新属——小绿藻属（Polulichloris）。目前，该属只发现一个种，即河南小绿藻（P. henanensis）。

裸藻绝大多数为单细胞，较少发现由多个细胞聚集成的不定群体。裸藻细胞无细胞壁，有周质体（Periplast）。它的经典分类学研究主要是根据细胞游动时的形态、表质线纹、鞭毛特征、光感受器及营养方式等进行分类。Zakryś 等（2013）使用经典分类学等方法，对采自波兰的一株裸藻进行了详细的形态描述，并和其他相近种进行了比较，发现其为一个新种 Euglenaria clepsydroides。

经典分类学方法是确定物种分类地位的最常用的方法之一。但是，物种的细胞形态受到环境或生理生态的影响可出现复合型或过渡型，这些类型的出现可能使传统分类学分类出现误判。因此，探索综合性的分类方法来确定物种的分类地位，具有非常重要的意义。

1.4.2 分子生物学分类方法

随着分子生物学的出现和取得的突破性成就，能反映基因分子结构特征的基因型开始应用于分类学和系统学研究（Zuckerkandl and Pauling，1965）。分子系统学方法最早被运用于陆生生物的分类，到 20 世纪 70 年代才在藻类分类中逐渐得到应用，随之便出现了一门新的学科——藻类分子系统学。其主要是通过对藻类的核酸和蛋白质等分子信息的比较分析来探索其系统发生关系。到了 20 世纪 80 年代，藻类分子系统学得到大力推进，在蓝藻、绿藻、硅藻、红藻和裸藻等的分类、系统发育发生和分子进化等领域得到了广泛应用（Lefebvre and Hamilton，2015；Hentschke et al.，2016）。分子生物学分类常用的方法有以下几种。

（1）DNA 碱基组成。DNA 碱基组成对于藻类等生物的遗传性状起着决定性作用，也是藻类等生物分类和鉴定的一项重要参数。Li 和 Watanabe（2002）的研究表明，相同的物种具有相近的 GC 含量，而 GC 含量相同的物种一定有较近的亲缘关系。

（2）DNA 指纹分析。主要有随机扩增多态性 DNA（Random Amplified Polymorphic DNA，RAPD）技术、限制性内切酶片段长度多态性（Restriction Fragment Length Polymorphism，RFLP）技术、扩增片段长度多态性（Amplified Fragment Length Polymorphism，AFLP）和指纹图谱分析（王捷，2011）。

（3）DNA-DNA 杂交。

（4）蛋白质标记。蛋白质标记可分为活体外标记与活体内标记，其中，活体内标记可在不影响蛋白质功能的状态下进行标记，因此是目前最理想的蛋白质标记方法。

（5）DNA 序列。目前，基因型已经广泛应用于生物的分类和系统学研究中。基因型可以直接反映基因的分子结构特征，而核酸则包含了最原始的系统发生信息（Zuckerkandl and Pauling，1965）。

近年来，聚合酶链式反应（PCR）技术和 DNA 测序技术取得了很大的进展。由于其操作简单，DNA 序列（如 16S rRNA 或 18S rRNA，*rbc*L 和 *rbc*S 基因，*cpc*BA-IGS，*gyr*B 基因，ITS 序列等）分析越来越多地应用于藻类分子系统研究（Bohunická et al.，2015；Gómez et al.，2016）。2014 年，Komárek 等（2014）通

过分子生物学手段，基于31个保守蛋白序列建立了蓝藻系统发育树，对分类系统进行了重新修订，提出了蓝藻的1纲8目系统。

全球科学技术突飞猛进，全基因组测序技术也不断精确、便捷和快速化，费用也在降低。中国海洋大学、日本Kazusa研究所和法国巴斯德研究所等单位完成了大量的藻类全基因组图谱（Dagan et al.，2013；Malmstrom et al.，2013）。全基因组包含一种生物的所有基因，信息量巨大，在藻类系统发育树的构建中，比单基因更能反映出生物间的系统发生关系，对于藻类的鉴定和分类会更加准确。越来越多的藻类全基因组序列测定完成，将会主导藻类分类和分子系统发育研究。

1.4.3　综合分类方法

生理学和生化分类方法是在形态学特征难以对藻类进行分类时的一种辅助分类手段。生物体的各种生理指标和生化成分可以反映其遗传信息。生理学分类方法主要是对藻类的生长温度范围、耐盐性和异养能力等特征进行研究（Castenholz et al.，1989；Li and Watanabe，2001）。生化分类方法在藻类分类中也起到了非常重要的作用，它是以物种体内的脂肪酸等几类生化指标对藻类进行分类的一种方法。脂肪酸是分类中运用得最多的生化指标（Gugger et al.，2002）。Li等（2004）分析了26株鱼腥藻的脂肪酸组成，并结合了形态学特征进行分类，结果表明，将物种的脂肪酸组成和经典分类学结合的分类方法是可信赖的。此外，脂肪族多胺分析在蓝藻分类地位确定中非常重要（Hegewald and Kneifel，1983）。研究表明，蓝藻主要含有两种精胺：亚精胺（Spermidine）和单亚精胺（Sym-homospermdine）（Hanman et al.，1983）。

1.5　水华的防治措施

水华，尤其是蓝藻水华，对人类和环境具有极大的危害性。如何控制和治理大小型湖泊、水库、河流等水体发生的水华已成为世界性难题，也是我们迫切需要解决的水环境问题。目前，国内外从应急处理和生态修复、实施形式和作用原理的角度对可实施的水华处理方法进行了分类，主要分为物理方法、化学方法和生物方法。

1.5.1　物理方法

物理方法除藻是水华控制中的应急措施，具有简单易行、生态风险小和快速处理等优点，已经广泛应用于水华处理中。主要有换水、机械打捞、超声波除藻和光控制等方法。机械打捞一般应用于藻类水华肉眼可见的密集区，是通过动力机械设备吸出富集于水体表面的大量藻类的方法。吸出的藻类可进行再利用，如生产沼气及肥料等，也可用于提取多糖、色素、抗生素和毒素等生物活性物质（Zeng et al.，2010；Yuan et al.，2011）。超声波除藻法是利用超声波的机械振动、高速声流、空化效应和强冲击波等作用，对藻类细胞造成一定的损伤，破坏其正常活性，从而达到去除水华的目的。舒天阁等（2008）使用一种低功率超声波对水体中的铜绿微囊藻进行去除，具有良好的除藻效果。光控制法是通过遮光、喷洒木炭粉或染料等手段在水面形成光隔离层，以降低藻类的光合作用实现抑藻的方法。利用紫外线杀藻也属于光控制法的一种形式。有研究表明，UV-B和中、低强度的紫外灯对蓝藻细胞具有非常大的破坏作用，能有效地去除蓝藻水华（Xue et al.，2005；Sakai et al.，2007）。近年来，光磁协同技术和电化学技术等新技术也已应用于水华去除工作，具有非常好的发展前景。

物理除藻法具有一定的优点，但其也有较大的缺点，即能耗和成本高、大面积控藻能力弱、藻类残渣处理困难。

1.5.2　化学方法

化学方法除藻，主要是通过在水体中添加杀藻剂、金属盐来杀灭细胞，喷洒无机、有机和生物絮凝剂架桥网捕藻细胞等来控制水华。杀藻剂，顾名思义就是可杀灭藻类的一种化学试剂，其可以和藻类中半胱氨酸的硫基（-SH）反应，导致以硫基为活性点的酶活性减弱或失活，并且对藻类的细胞壁、细胞膜结构造成不可逆的损伤，从而使藻细胞失去活性而死亡（汪小雄，2011）。硫酸铜是最常用且非常有效的一种杀藻剂。从 20 世纪开始，美国、澳大利亚和中国等国的科学家就陆续大规模使用硫酸铜进行除藻，取得了良好的效果（Mcknight et al.，1983；尹澄清等，1989；谢平，2009）。但是后续研究表明，铜离子不具有专一性的毒杀作用，对大多数水生生物都有毒性，且可在生物体内富集，在底泥中沉积，容易对水体造成二次污染（汪小雄，2011）。Lee 等（2013）发现了一种富含氨基的土壤，它能与特定的藻细胞结合并促进细胞裂解，但对无害的浮游植物和浮游动物不会造成损害，具有一定的专一性。还有一些强氧化剂（高锰酸钾、二氧化氯、次氯酸钠和臭氧等）可通过强氧化作用破坏藻细胞结构来控制水华。近年来，科学家发现了一种具有极强的氧化性，兼具高效混凝与助凝作用的化学

15

试剂——高铁酸盐，它还具有吸附、杀菌和消毒的功效，并且不会产生有毒衍生物。高铁酸盐现已成为一种高效、多功能的水处理药剂，对于水华的治理具有非常重要的作用，受到国内外的普遍关注（刘文芳等，2015）。

絮凝方法控藻是指在水体中加入无机、有机或生物絮凝剂，通过架桥网捕的作用，使藻细胞聚集、沉降，从而去除水华的方法（Li and Pan，2015）。无机絮凝剂主要是具有一定絮凝作用的铝盐和铁盐絮凝剂。有机絮凝剂包括人工合成絮凝剂（如聚乙烯和聚丙烯类化合物）和天然高分子絮凝剂（如含羧基较多的多聚糖和含磷酸基较多的淀粉）两类。与无机絮凝剂相比，有机絮凝剂可在水体中降解，对水环境不会造成污染。生物絮凝剂主要是利用微生物或微生物产生的次生代谢产物制成的絮凝剂，具有见效快、易分解和无污染等优点。

化学方法控藻的缺点主要是控藻成本高，且容易造成二次污染。

1.5.3 生物方法

生物控藻方法是利用生态系统食物链及生物之间的营养竞争和牧食关系原理对藻类生长进行控制的方法。主要作用途径表现为以下几点。

（1）通过浮游动物或大型水生动物的摄食、滤食作用。谢平（2003）的研究表明，鲢鱼和鳙鱼可大量滤食藻类，并可食用有毒蓝藻快速生长，且对微囊藻毒素具有一定的抗性，在水华的控制中起着非常重要的作用。

（2）溶藻细菌的溶藻作用。据有关报道，溶藻细菌 L7 和 S7 对蓝藻门的铜绿微囊藻和形成水华的鱼腥藻具有一定的溶藻作用。对铜绿微囊藻的溶藻机理主要是：溶藻物质先破坏其细胞壁和黏质胶被，再通过改变细胞膜的透性进入细胞内部，破坏光系统和蛋白质，导致藻细胞丧失正常的生理功能而死亡。这两种溶藻菌对绿藻门的小球藻和栅藻也具有溶藻作用（王金霞和罗固源，2012；谢静，2013）。

（3）通过沉水植物和挺水植物、藻类等的化感作用。王捷等（2014）研究发现，挺水植物香蒲（*Typha orientalis*）和沉水植物穗状狐尾藻（*Myriophyllum spicatum*）水浸提液对形成水华的微囊藻具有化感抑制作用，且穗状狐尾藻的抑制作用要强于香蒲。Yang 等（2014）通过实验证明，铜绿微囊藻通过释放次生代谢产物蓝藻毒素，抑制了惠氏微囊藻（*Microcystis wesenbergii*）的生长，也就是说，铜绿微囊藻通过化感作用抑制了惠氏微囊藻的增殖。

生物法具有生态友好、成本低廉、高效、对水华控制时间长等优点，应用前景较好。但其也有一定的缺点，主要表现是见效慢。目前，我国水华频发，对于水华的长期防控是非常有必要的。化感作用作为一种可长期控制水华的方法，备受国内外学者的关注（李林等，2016）。

1.6　化感物质及抑藻作用

1.6.1　化感作用的定义

化感作用（Allelopathy）源于希腊语"Allelon"（相互）和"Pathos"（忍受痛苦）两词，由奥地利植物生理学家 Hans Molisch 于 1937 年首次提出，并用来描述植物之间的化感效应。1984 年，美国科学家 Rice 在其著作 *Allelopathy* 中描述了化感作用的定义，主要指植物或微生物向环境释放特定的化学物质从而直接或间接影响邻近植物（微生物）的效应，这种效应一般是抑制作用。这些特定的化学物质被定义为化感物质，目前常用"allelochemical"一词来表达（Rice，1984；吴振斌，2016）。

1.6.2　水生和陆生植物对淡水藻类的化感作用

近年来，由于人类活动引起的淡水水体富营养化不断加剧，水华及其产生的次生代谢产物藻毒素等严重影响人类健康，水生和陆生植物对有害淡水藻类的化感作用受到了广泛关注。科学家对化感作用不断进行深入研究，鉴定出很多有生物活性的化感物质，发现新的具有强抑藻作用的植物，研究化感作用机理等，期望能科学地进行化感抑藻。我国利用植物进行化感抑藻的案例较多，主要的实施方式有：①投放干物质；②种植具有化感作用的植物；③提取植物中的化感物质；④人工合成化感物质（汪文斌等，2014）。

1.6.2.1　淡水浮游植物之间的化感作用

早在 1917 年，科学家就发现了浮游植物之间的化感抑制作用。直到 20 世纪 70 年代，美国科学家才对富营养水体中蓝藻水华藻类之间的化感作用进行了研究，并发明了研究浮游植物间化感作用的共培方法（倪利晓等，2011）。蓝藻门中的微囊藻属、束丝藻属、鱼腥藻属、念珠藻属、颤藻属、节球藻属、侧生藻属（*Fischerella*）、伪枝藻属和眉藻属等的一些种能产生对其他浮游植物（如蓝藻、绿藻、硅藻等）起抑制作用的化感物质（夏珊珊等，2008）。正是由于它们对同一生态位其他藻类的化感抑制作用，使其能在生长竞争中获胜，并且大量繁殖，成为导致水华发生的原因之一。Shao 等（2013）发现，布氏常丝藻（*Tychonema bourrellyi* CHAB 663）对铜绿微囊藻有化感抑制作用，并且认为布氏常丝藻分泌的次生代谢物 β-Ionone 是对铜绿微囊藻起抑制作用的化感物质。Rzymski 等（2014）的研究显示，拟柱胞藻毒素（Cylindrospermopsin）和一株非产毒素的拉氏拟柱胞藻（*Cylindrospermopsis raciborskii*）均能抑制铜绿微囊藻的生长和微囊藻毒素的产生，拉氏拟柱胞藻产生的一种未知的生物活性物质可抑制藻和藻毒素产生。拟柱胞藻和铜绿微囊藻已在水华发生的水体中同时出现，并且它们有很相似的生态位（孔垂华等，2016）。发生水华的优势种也慢慢由铜绿微囊藻转变为拟柱胞藻，这主要是由于拟柱胞藻有比铜绿微囊藻拥有更强的竞争优势，其具有更高的光合作用效率、固氮能力和磷吸收能力，释放的拟柱胞藻毒素对其他浮游生物（包括铜绿微囊藻）有化感抑制作用（Bar-Yosef et al.，2010；Marinho et al.，2013）。普生轮藻（*Chara vulgaris*）对铜绿微囊藻也有化感抑制的作用（Marinho et al.，2013）。同时，铜绿微囊藻也能产生化感物质（如藻毒素、抑藻四肽等），抑制其他蓝藻和绿藻的生长（Singh et al.，2001；Ishida and Murakami，2000；胡洪营等，2006）。水生态系统中的浮游植物多种多样，不同的藻类在适宜的条件下还能促进其他藻类的生长（金红春等，2009；舒惠琳等，2016）。

1.6.2.2　沉水植物对淡水藻类的化感作用

沉水植物是水生态系统中的初级生产者之一，在化感抑藻并维持水生态平衡方面起着非常重要的作用。国内外已报道有 40 多种沉水植物可产生化感抑藻的物质，包括小二仙草科（Haloragidaceae）、金鱼藻科（Ceratophyllaceae）、眼子菜科（Potamogetonaceae）和水鳖科（Hydrocharitaceae）的植物，此外还有川蔓藻科（Ruppiaceae）、杉叶藻科（Hippuridaceae）、泽泻科（Alismataceae）和玄参科（Scrophulariaceae）等的极少数种类（边归国等，2012）。研究表明，小二仙草科中的狐尾藻属（*Myriophy llum*）植物是化感作用最强的沉水植物，一定浓度的狐尾藻培养水或提取的化感物质对蓝藻门的铜绿微囊藻、集胞藻（*Synechocystis*）和水华鱼腥藻（*Anabaena flos-aquae*），绿藻门的蛋白核小球藻（*Chlorella pyrerwidosa*）和沙角衣藻（*Chlamydomonas sajao*）等有较强的化感抑制作用（汤仲恩等，2007）。金鱼藻科植物对水华藻类也具有非常强的抑藻活性。眼子菜科的马来眼子菜（*Potamogeton malaianus*）、尖叶眼子菜（*P. oxyphyllus*）、篦齿眼子菜

（*P. pectinatus*）、菹草（*P. crispus*）和微齿眼子菜（*P. maackianus*），水鳖科的苦草（*Vallasneria asiatica*）、水剑叶（*Stratiotes aloides*）、黑藻（*Hydrilla verticillata*）和伊乐藻（*Elodea nuttallii*）等植物的培养水和提取出的化感物质对水华蓝藻和绿藻具有抑制作用（Waridel et al.，2003；高云霄，2010）。研究分析显示，沉水植物化感物质具有选择性和特异性抑藻作用，对蓝藻和硅藻的抑制作用强于对绿藻的作用，蓝藻的敏感性更强；附生藻类的耐受性通常高于浮游藻类；光照、水体温度和营养物质等环境因素会对沉水植物的化感抑藻效果造成极大的影响（肖溪，2012）。汤仲恩等（2007）研究发现，杉叶藻（*Hippuris vulgaris*）对铜绿微囊藻的抑制作用强，而对四尾栅藻（*Scenedesmus quadricauda*）的生长具有促进作用。

1.6.2.3　挺水植物对淡水藻类的化感作用

挺水植物与沉水植物的化感抑藻作用类似。目前发现：天南星科（Araceae）的石菖蒲（*Acorus tatarinowii*），鸢尾科（Iridaceae）的黄菖蒲（*Iris pseudacorus*），香蒲科（Typhaceae）的狭叶香蒲（*Typha angustifolia*），莎草科（Cyperaceae）的风车草（*Cyperus alternifolius*）、荸荠（*Heleocharis dulcis*）以及水葱（*Scirpus validus*），禾本科（Gramineae）的芦竹（*Arundo donax*）和芦苇（*Phragmites communis*），灯心草科（Juncaceae）的灯心草（*Juncus effusus*），爵床科（Acanthaceae）的水罗兰（*Hygrophila difformis*）的茎和叶产生的化感物质可选择性抑制水华蓝藻、绿藻等一些种类（金红春等，2009；Zhu et al.，2014；孔垂华等，2016；吴振斌，2016）。

1.6.2.4　浮水或浮叶植物对淡水藻类的化感作用

研究显示，睡莲科（Nymphaeaceae）的睡莲（*Nymphaea tetragona*）、萍蓬草（*Nuphar pumilum*），浮萍科（Lemnaccac）的浮萍（*Lemna minor*）、紫萍（*Spirodela polyrrhiza*），满江红科（Azollaceae）的满江红（*Azolla imbricata*），雨久花科（Pontederiaceae）的凤眼莲（*Eichhornia crassipes*）和天南星科的大薸（*Pistia stratiotes*）等浮水植物或浮叶植物对水华藻类可产生化感抑制作用（边归国等，2012；李磊和侯文华，2007；吴振斌，2016）。

1.6.2.5　湿生草本植物对淡水藻类的化感作用

伞形科（Umbelliferae）的水芹（*Oenanthe javanica*）、千屈菜科（Lythraceae）

的千屈菜（*Lythrum salicaria*）、蓼科（Polygonaceae）的红蓼（*Polygonum orientale*）、美人蕉科（Cannaceae）的美人蕉（*Canna indica*）和莎草科的灰化薹草（*Carex cinerascen*）等湿生草本植物对浮游植物表现出化感作用（高云霓，2010；王志强等，2013；李林等，2016）。

1.6.2.6　陆生草本和木本植物对淡水藻类的化感作用

因受早期化感作用概念限制等原因，有关陆生植物对淡水藻类化感作用的研究起步较晚。最早在 1990 年，Welch 等人发现降解的大麦秸秆具有抑藻作用，自此开启了陆生植物抑藻研究。之后，研究人员不断开展利用大麦秸秆抑藻的研究和野外原位实验，取得了良好的效果，并且拓展了该领域的研究深度（江中央和郭沛涌，2011）。1996 年，国际化感学会（International Alleolpathy Society）对化感作用重新定义：由植物、病毒、细菌和真菌产生的次生代谢产物对自然生态系统中一切生物的生长和发育产生的影响（Macías et al.，2008）。研究者也逐渐发现，水生态系统附近的陆生植物产生的化感物质进入水体后，会对浮游植物产生抑制作用。最典型的例子就是，马缨丹（*Lantana camara*）的叶片落入池塘中产生的化感物质会抑制水葫芦的生长，甚至具有杀灭作用。大麦秸秆的抑藻作用最早被发现，也是目前研究比较深入的可抑藻的陆生植物。Martin 和 Ridge（1999）研究发现，大麦秸秆浸出液对铜绿微囊藻等 3 种水华蓝藻具有很强的抑制作用。早期研究认为，大麦秸秆抑藻是物理机理，主要是秸秆投入水体后产生的有色物质改变了光波长，对藻类的光合作用产生了影响。也有研究认为其是生物作用机理，是秸秆为水体中的无脊椎动物和浮游动物提供了有利的生活环境，生物量上升并对藻类大量摄食的结果（Allen，2004）。随着仪器精密度的提高和化感物质鉴定技术的进步，从大麦秸秆中准确分离出了很多化感活性物质，相关化学作用机理才逐渐被接受。大麦秸秆产生的木质素及氧化产物、酯类、醌类（特别是蒽醌）和酚类物质都可产生化感抑藻物质，但究竟是哪种物质起主要作用，化感物质之间又是如何作用的？Choe 和 Jung（2002）的研究表明，酚类物质可能不是主要的抑藻物质，但当酚类物质存在时，酯类活性物质的抑藻效果会增强。至于这么多的化感物质是怎么起作用的，还需进一步研究。

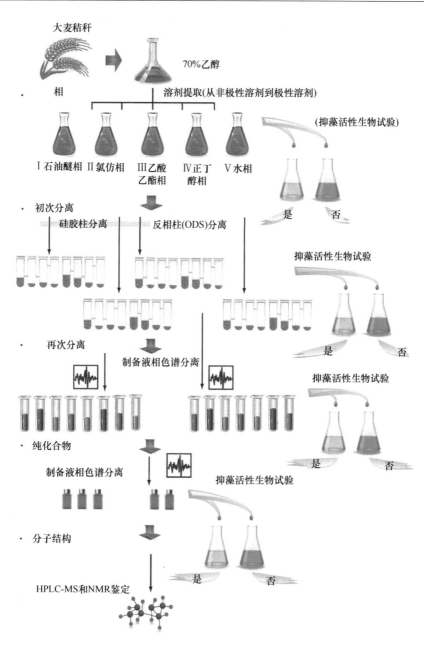

图 1.3 生物试验为基础的大麦秸秆提取物分离流程

（资料来源：Xiao 等，2014）

近年来的研究发现，多种陆生植物对藻类生长具有抑制作用。草本植物如韭菜和水稻等，药用植物如野艾蒿、黄连、贯众、槟榔和防己等，木本植物如榕树、柳树、杉木、红树、臭椿和核桃等的根、茎、叶产生的化感物质对铜绿微囊藻和小球藻（*Chlorella*）等水华藻类的生长具有很好的抑制效果（江中央和郭沛涌，2011；廖春丽等，2014；Meng et al.，2015）。

1.6.3　植物化感物质鉴定及对淡水藻类的化感作用

植物抑藻的主要机理是植物的根、茎、叶、花、果实和种子产生的代谢产物对藻类的化感作用，这得到了国内外科学家的普遍认可。这些化感物质通过雨雾淋溶、自然挥发、植株分解、根分泌、种子萌发和花粉扩散等方式进入周围环境中（吴振斌，2016）。利用植物进行化感抑藻主要的实施方式有投放干物质、种植具有化感作用的植物、分离纯化植物中的化感物质和人工合成化感物质。提取分离植物中的化感物质对于研究抑藻效果和机理非常重要，研究确定植物主要起作用的化感物质及化感物质间的相互关系，成为目前学者们主攻的方向。从植物中提取化感物质需要用不同的溶剂萃取，再进行柱层析，得到纯化合物后用HPLC-MS 和 NMR 鉴定结构（Xiao et al.，2014）（图1.3）。

目前，已经从水生植物和陆生植物提取、分离和鉴定出多种对淡水藻类起抑制或促进作用的活性物质，包括简单酚和多酚、胺类、有机酸、醌类、黄酮类、萜类、酯类、芳香族化合物和其他一些种类（表1.3）

1.6.4　化感物质抑藻作用机理

植物产生的化感物质具有选择性抑藻特性，不同植物对藻类的抑藻机理不尽相同。研究发现，植物化感物质对藻类的光合作用和呼吸作用、蛋白质合成、酶活性、细胞膜的透性、基因表达、细胞程序性死亡等都会产生很大的影响。近年来，对于植物化感抑藻机理的挖掘也成为研究热点（肖溪，2012；吴振斌，2016）。

表 1.3 部分植物释放的化感物质种类

种类		化感物质	有效抑制的藻类	参考文献
水生植物	穗花狐尾藻	鞣花酸、五倍子酸、正壬酸、焦酸、亚麻酸、亚油酸、儿茶酚、水解单宁、含硫化合物、硫磺、特里马素Ⅱ、顺式十八碳-9-烯酸、顺式十八碳-6-烯酸、连苯三酚等	铜绿微囊藻、斜生四链藻等	Nakai 等 (2000, 2005)；Nakai 和 Hosomi (2002)
	凤眼莲	N-苯基-2-萘胺、N-苯基-1-萘胺、亚油酸甘油酯、3-(4-羟基-3-甲氧基)-苯1,2-丙二醇、1-(4-羟基-3-甲氧基)-苯-2-[4-(2,3-二羟丙)-2-甲氧基]-苯氧基-1,3-丙二醇、三噻烷、二噻烷、亚油酸、壬酸、苯酰胺、二聚苯基葩、非那烯等	雷氏衣藻 (Chlamydomonas reinhardtii)、斜生四链藻、小球藻 (chlorella)、铜绿微囊藻等	耿小娟等 (2009)；吴振斌 (2016)
	芦苇 (Phragmites australis)	2-甲基乙酰乙酸乙酯 (EMA)、原儿茶酸、3,4-二羟基苯甲酸、香草酸、丁香酸、芦丁、芸香苷、槲皮素-3-O-芸香糖苷、壬酸、棕榈酸、软脂酸、硬脂酸等	铜绿微囊藻、水华微囊藻 (Microcystis flos-aquae)、蛋白核小球藻等	门玉洁等 (2006)；Nakai 等 (2006)
	马来眼子菜	癸酸、壬酸、月桂酸、十二酸、豆蔻酸、肉豆蔻酸、十四酸、棕榈酸、软脂酸、硬脂酸、3,7,11,15-四甲基-1-十六碳烯酸-3-醇、植酮、十六酸、十八酸、棕榈酸乙酯、亚油酸乙酯、异植物醇、9,12,15-亚麻酸乙酯等	铜绿微囊藻、羊角月牙藻 (Selenastrum capricornutum) 等	高云霓 (2010)；胡陈艳等 (2010)
	伊乐藻	烟碱、尼古丁、5-甲基噻唑、7-甲基喹啉、卡唑啉、2,4-二甲氧基嘧啶、2-乙基吡嗪、吲哚、2-乙基-5-甲基吡嗪、豆甾-4-烯-3,6-二酮、植物甾醇、谷固醇、谷甾醇等	铜绿微囊藻	王红强 (2009)；王红强等 (2010, 2011)
	苦草	苯甲酸、香草酸、4-羟基-3-甲氧基苯甲酸、阿魏酸、咖啡酸、3,4-二羟基苯甲酸、原儿茶酸、安息香酸、β-紫罗兰酮等	铜绿微囊藻	吴振斌 (2016)；Xian 等 (2006)

续表

种类		化感物质	有效抑制的藻类	参考文献
陆生植物	广玉兰（*Magnolia Grandflora*）	2-亚甲基-3-羟基胆甾烷、正三十七醇、25，26-二羟基维生素 D_3 等含羟基物质、7-甲基-3-亚甲基-6-（3-丁酮基）-3，3a，4，7，8，8a-六氢化-2H-环庚三烯并呋喃-2-酮、6-4，8a-二甲基-4a，5，6，7，8，8a-六氢化-2（1H）-萘酮等酮类物质和邻苯二甲酸单（2-乙基）己酯等	铜绿微囊藻	董昆明等（2011）
	稻草秸秆	萘胺类、酯类（邻苯二甲酸二丁酯及衍生物）、酚类等	铜绿微囊藻	冯菁等（2008）
	玉米秸秆	十八碳二烯酸、十八碳三烯酸、棕榈酸、异羟肟酸［2，4-二羟基-2H-1，4-苯并噁嗪-3（4H）-酮］及其衍生物和酚酸类等	铜绿微囊藻	欧阳好婧（2006）；汪瑾等（2012）
	岩兰草（*Vetiveria zizanioides*）	倍半萜类物质	铜绿微囊藻	章典等（2015）
	白屈菜（*Chelidonium majus*）	黄连碱、氯化黄连碱、血根碱和白屈菜赤碱等	铜绿微囊藻	刘彦彦等（2015）
	蒿属植物	萜类物质、青蒿酸、香豆酸、黄酮、豆甾醇、香甾醇、蒿酮、异蒿酮、桉油精和挥发油等	铜绿微囊藻	徐芙清等（2010）
	加拿大一枝黄花（*Solidago canadenis*）	2-羟基-6-甲氧基苯甲酸、3-甲酰吲哚、3β，4α-二羟基-6β-当归酰-13Z-烯-15，16-克罗烷内酯、3β，4α-二羟基-6β-巴豆酰-13Z-烯-15，16-克罗烷内酯、α-菠菜甾醇、山柰酚、正十六烷酸和槲皮素等	铜绿微囊藻	白羽（2013）
	马缨丹（*Lantana camara*）	马缨丹烯 A、马缨丹烯 B、水杨酸、龙胆酸、雷琐酸、香豆素、阿魏酸、对羟基苯甲酸、6-甲基香豆素、马缨丹诺酸、齐墩果酸、22β-O-当归酰基-齐墩果酸、22β-O-异戊烯酰基-齐墩果酸、22β-羟基-齐墩果酮酸、19α-羟基-熊果酸和马缨丹熊果酸等	铜绿微囊藻	Kong 等（2006）；苟亚峰等（2009）
	防己（*Stephania tetrandra*）	防己诺林碱和粉防己碱等	蛋白核小球藻	柴民伟等（2010）；王聪等（2011）

1.7 本研究的目的及意义

近年来，太原市人口迅速膨胀，使城市生活污水的排放量呈直线上升趋势，汾河附近居民未经处理的生活污水、沿线工业和农业废水、汛期地表雨水及雨污合流污染物不断排入汾河太原河段水体，其污染程度大大超出了水体的自净能力，水体富营养化日益严重，导致水质恶化。报告显示，汾河太原河段目前为中度富营养化水体，污染严重超标。此外，人类活动引起的重大环境问题——全球变暖，加速了蓝藻水华发生的进程。现在，汾河太原河段每年都会出现水华，且发生水华的优势种呈现出季节和年度演替现象，蓝藻在数量和时空分布上占有绝对优势。因此，对于汾河太原河段水华的防控迫在眉睫，而对浮游植物定性和定量的动态监测可为水华防控提供理论依据。

研究发现，蓝藻门、绿藻门、硅藻门、金藻门、甲藻门、裸藻门和隐藻门的种类可在适宜的环境条件下发生大规模水华。水华的发生危害巨大，次生代谢产物藻毒素化学性质相当稳定，难以清除，如藻毒素中的蓝藻毒素，且耐热性较强，不易消除，对人类和牲畜有极大的致毒危害。此外，藻源异味物质可引起景区水体恶臭，影响景区环境。最重要的是，水源地的水体异味难以去除，严重影响水质，给人类的经济和生活带来极大的影响。目前，淡水分类系统中哪些种类可产生藻毒素，哪些种类又会产生异味物质；哪些种类可持续产生水华，哪些种类产生的水华又会在较短的时间内消失，都是需要不断探索的重大科学问题，且不同的水华需要采取不同的方式控藻。因此，水华种类的形态和分子鉴定对于水华的去除和后续的科学研究具有非常重要的意义。

从实践经验来看，化感物质抑藻控藻具有生态友好、成本低廉、高效、控制时间长等优点，应用前景较好。生物源物质连苯三酚是生物活性极高的化感物质，且结构简单、易合成，控藻用量少，抑制效果好。但是，连苯三酚对汾河太原河段的水华种铜绿微囊藻 TY001 的抑制效果如何，抑制机理主要表现在哪些方面，连苯三酚的用量对产毒基因和产毒素含量的影响如何，都需要进行深入探究，进而为连苯三酚对水华的原位控制提供一定的理论依据。目前，和酚酸类物质生物活性相似的黄酮类化合物对淡水水华藻类抑制机理的研究非常少，探索发现高效且成本低的可抑藻的黄酮类化合物是非常必要的；进一步研究其作用机理，可以为新型除藻生物源物质的开发和实际应用提供理论依据。

本研究以汾河太原河段的水华藻类为研究对象，分析水华成因，探索水华防控。主要有以下方面的内容。

（1）2012—2016 年，每年的 5 月、7 月和 10 月，对汾河太原河段水体进行浮游植物定性和定量的动态监测。浮游植物定量样品用鲁哥试剂现场固定后，带回实验室静置 48 h，经浓缩摇匀后，在光学显微镜下计算细胞数目。定性样品用浮游生物网富集后，加入 4% 的福尔马林固定，用于浮游植物种类鉴定。

（2）水华发生时，大量采集水样。使用毛细管法分离和纯化原位水样中的水华藻类优势种，用于藻种保藏和下一步实验。通过形态和分子生物学结合的方法对水华藻类进行准确鉴定，为进一步的水华控制提供有力依据。

（3）对分离纯化得到的 8 株水华蓝藻进行产毒基因（$mcyA$、$mcyD$ 和 $mcyE$）PCR 扩增和总毒素含量（ELISA 方法）的测定，通过顶空固相微萃取–气相色谱法（HS-SPME-GC），对水华藻产生的异味物质进行定性分析。

（4）研究生物源物质连苯三酚对水华藻铜绿微囊藻 TY001（既产微囊藻毒素又产异味物质）的抑藻效果及微观抑藻机理。根据不同处理浓度下，微囊藻毒素合成基因及微囊藻毒素含量的变化，确定抑藻甚至杀藻的最佳浓度，为探寻高效、专一及生态安全的控藻方法提供理论依据。

（5）研究黄酮类化合物 5，4′–二羟基黄酮（5，4′-dihydroxyflavone，5，4′-DHF）对铜绿微囊藻 TY001 的抑制作用及抑藻机理。根据藻细胞密度和叶绿素的变化，确定 5，4′-DHF 的抑藻作用。测定铜绿微囊藻 TY001 的三种抗氧化酶（SOD、POD 和 CAT）及丙二醛（MDA）的含量，研究氧化胁迫应答相关基因、DNA 修复相关基因、微囊藻毒素合成相关基因和光合作用相关基因的相对表达量的变化，并测定和计算叶绿素荧光参数。综合推测 5，4′-DHF 对铜绿微囊藻 TY001 的抑藻机理。

（6）研究异喹啉类生物碱——原阿片碱对铜绿微囊藻 TY001 的抑制作用及抑藻机理。根据藻细胞密度和叶绿素的变化，确定原阿片碱的抑藻作用。测定 TY001 的三种抗氧化酶及 MDA 的含量，研究氧化胁迫应答相关基因、DNA 修复相关基因和微囊藻毒素合成相关基因的相对表达量的变化。综合推测原阿片碱对铜绿微囊藻 TY001 的抑藻机理。

本研究全面了解 2012—2016 年汾河太原河段浮游植物的定性和定量的动态变化、水华藻的种类和时空分布，建立可靠的毒素快速鉴定及毒素含量分析方法，摸索出藻源异味物质的鉴定方法，为全面评价汾河水体的污染程度提供理论依据；研究了生物源物质连苯三酚、5，4′-DHF 和原阿片碱对铜绿微囊藻 TY001

的化感抑藻效果及抑制机理，为汾河太原河段的水华防控提供一种成本低、效果好、生态安全性高的方法和实际应用基础。

此外，在 2015 年和 2016 年，作者采集了太原市居民饮用水水源地（汾河一库和二库）水样，发现有铜绿微囊藻 TY001 存在，但未见水华现象发生。近年来，我国饮用水水源地的水库和河流湖泊中频繁出现微囊藻水华，但检测到的毒素含量普遍偏低，有关问题应受到关注。目前，由于一些水产养殖业的大力发展，汾河两大水库的富营养化程度加重，有发生水华的潜在危险性，今后需要加大对这两个水源地的水体环境、藻类及藻毒素的监测，保障太原市居民饮用水的安全。

第二章　汾河太原河段浮游植物多样性
及水华藻的分离、鉴定

浮游植物是水生态系统中的初级生产者和溶解氧供应者，也是水体中食物链和食物网的基础，维持着水生态系统的平衡和健康（刘建康，1999；Haande et al.，2011），在水域生态系统的上行和下行效应中发挥着重要作用。浮游植物群落结构组成和分布、优势种类及其变化能反映水体的富营养化程度，同时还可以更好地控制水域生态系统的能量流和物质流，从而保障水域生态系统的可持续发展（邓建明等，2010；Kalin et al.，2011）。淡水浮游植物主要包括蓝藻门（Cyanophyta）、绿藻门（Chlorophyta）、硅藻门（Bacillariophyta）、裸藻门（Euglenophyta）、金藻门（Chrysophyta）、红藻门（Rhodophyta）、黄藻门（Xanthophyta）和褐藻门（Phaeophyta）八个门类，其中蓝藻门、绿藻门和硅藻门的种类在淡水生态系统中出现频率较高，且受多种环境因素（如温度、光照、pH和营养盐等）的影响，浮游植物群落结构及优势种也有极大的差别（胡鸿钧和魏印心，2006）。

经典分类学方法主要是通过描述细胞的形状、大小、细胞排列、异形胞和厚壁孢子的大小及相对位置等特征来对藻类进行分类。但是，物种的细胞形态受到环境或生理生态的影响可出现复合型或过渡类型，这些类型的出现可能对传统分类学的分类结果造成误判（王捷，2011）。近年来，随着分子生物学的大力发展，分子生物学技术也逐渐应用到了藻类分类及分子系统研究中。核苷酸和蛋白质都是遗传信息的载体，因此，它们可能成为推断系统发生关系最直接的证据。利用核苷酸序列和氨基酸序列的同源性来研究物种间的演化关系变得极为重要（Li et al.，2016）。目前，最常用的方法是DNA序列（Song et al.，2015）、DNA碱基组成（Li and Watanabe，2002）、指纹图谱（Premanandh et al.，2009）、蛋白质标记（Devereux et al.，1990）、DNA-DNA杂交（Musacchio et al.，1992）等。随着生理生化研究技术的不断发展，利用细胞中脂肪酸、脂类和胺类等生化组成的分析对藻类进行分类也是很重要的，可为经典分类学和分子生物学方法难以区分的种类提供一种辅助手段（Sallal et al.，1990；Aknin et al.，1992；王捷，2011）。因此，通过形态观察、生理生化分析和分子生物学等综合方法对不同生境的藻类进行系统研究，揭示浮游植物的系统分类地位和系统发育关系显得非常重要。

本章研究 2012—2016 年汾河太原河段水生态系统中浮游植物的定性和定量的时空动态变化。根据优势种的年度和季节演替及浮游植物数量的变化，判断水体的富营养化程度，为汾河太原河段生态系统的可持续发展和生态保护提供科学数据。水华发生时，分离纯化其中的水华优势种并进行形态观察，同时结合分子生物学数据，选用比较保守的 cpcBA‐IGS、gyrB 和 cpSSU 等基因序列，同 GenBank 数据库中的序列建立分子系统发育树，确定水华藻种的分类地位和分子多样性。

2.1　材料与方法

2.1.1　采样时间及位点

2012—2016 年，每年的 5 月（春季）、7 月（夏季）和 10 月（秋季），在山西省汾河太原河段设置 10 个采样位点（图 2.1），进行浮游植物样品采集。每月采样 2 次，5 年共采集样品 30 次。

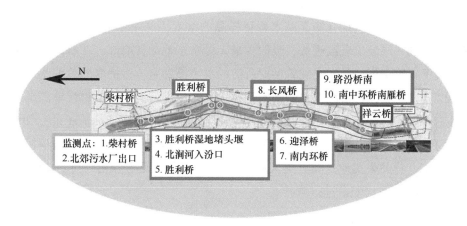

图 2.1　汾河太原河段样品采集位点

2.1.2　样品采集与处理

按照有关文献（章宗涉和黄祥飞，1991）中的方法采集浮游植物定量样品和定性样品。

浮游植物定量样品的采集：用采水器采集水样 1000 mL，放入贴有标签的标本瓶中，加入 15 mL 鲁哥试剂（Lugol's）现场固定，于实验室静置 48 h，再浓缩至 30 mL，摇匀后，取 0.1 mL 浓缩水样于浮游生物计数框中，在 10×40 倍光学显微镜下计算细胞数目（陈家长等，2009；庞科等，2011）。

定性样品采集：用 25 号浮游生物网在水体中多次采集（富集），将采样品置于两个带有标签的 50 mL 采样瓶中，其中一个采样瓶中加入 4% 的福尔马林固定，用于浮游植物种类鉴定。另一个采样瓶中为活体水样，带回实验室后，进行浮游植物的活体观察或者分离纯化培养。

2.1.3　藻种的分离纯化

藻种的分离纯化采用经典的毛细管分离法：选用干净的玻璃制巴斯德吸管，在酒精灯外焰上均匀加热。待水汽干燥后，用镊子轻轻夹住管子的前部，置于酒精灯外焰加热至发红且变软时，迅速移开管子并快速拉伸，然后用镊子把多余部分夹去，留取合适长度（1.5~2 cm）制成毛细管。

将新鲜藻样摇匀，取经过高温灭菌的具有 6 个凹孔的玻璃片，吸取一滴藻样于第 1 个凹孔中，滴加几滴无菌水稀释样品的浓度，并用无菌水充满其余凹孔。在毛细管的一端装上乳胶吸头，吸取少量无菌水于毛细管前部。在解剖镜或倒置显微镜下跟踪观察，移动毛细管挑取所需的单个藻细胞，将挑取的单细胞迅速滴入第 2 个凹孔中，再次移取单藻细胞于第 3 个孔中进行清洗，最后将单藻细胞移入装有 MA（微囊藻适用）或 AF-6（裸藻适用）培养基（Kasai et al.，2004）的 24 孔细胞培养板中。挑满 24 孔后，用 Parafilm 封口膜封口，并标明藻种种类、分离日期、样品采集地点和分离人姓名，然后放入光照培养箱（Spx-250B-G，博迅，上海）或培养室进行培养。

2.1.4　藻种的培养

将分离纯化得到的单细胞藻放入藻种培养室或光照培养箱中静置培养。培养温度为（25±1）℃，以白色日光灯为光源，光照强度为 40 μmol/（m² · s），光照周期为 12∶12。培养 15 天后，置于解剖镜或倒置显微镜下观察藻的生长情况，并检查是否有其他藻类或细菌的污染。必要时可在无菌操作台上吸取少量藻液放于光学显微镜下镜检，如果出现污染，应及时处理。当 24 孔细胞培养板中的藻株达到指数生长期时，用巴斯德吸管移取少量藻液，接种至含 10 mL 培养基且带螺口盖的玻璃试管中培养。此后，根据不同藻种的生长期对藻种及时进行转接，以保证藻的活力。纯化后的藻种编号为 TY001、FH0002、FH0003、FH0004、FH0005、FH0006、FH0007、FH0008、FH0009、FH0010 和 TY501，并保存于山西大学生命科学学院藻种培养室中。

2.1.5　微囊藻（蓝藻门）和裸藻（裸藻门）的形态观察

用于形态观察的样品可以是刚采集到的新鲜样品或者是经过福尔马林固定的样品。观察时取一小滴样品置于载玻片上，盖上盖玻片，轻轻压片，直接用于镜检和显微拍照。显微观察和拍照所用的设备为 Olympus BX51 型光学显微镜（Olympus，日本），与台式计算机（Intel i5 6500U）相连。显微拍照的照片储存于计算机中，注明拍照人、拍摄日期和拍摄的藻类名称。

2.1.6　分离纯化的微囊藻和裸藻的分子系统研究

2.1.6.1　基因组 DNA 的提取及检测

本研究采用改进的 CTAB 法提取基因组 DNA（Doyle，1990）。它是在传统提取基因组 DNA 方法（苯酚-氯仿-异戊醇抽提法）的基础上进行了改进。具体实验步骤如下：

（1）吸取 1 mL（浓度约为 5×10^7 个/L）的新鲜藻液，放入 1.5 mL EP 管中，用超声波清洗机（SB-3200DT，新芝，宁波）处理 2~3 min，12 000 r/min 离心 3 min，弃掉上清液；

（2）加入 150 μL 缓冲液 A（1000 mmol/L NaCl，70 mmol/L Tris，30 mmol/L Na_2EDTA，pH 值 8.0），充分混匀后，在 -80℃ 条件下冰冻 5~8 min，取出后迅速放入 80℃ 左右热水中融解。反复冻融 3 次；

（3）加入 5 μL 溶菌酶（100 mg/mL），37℃ 水浴 30 min；

（4）加入 500 μL 缓冲液 B（2% CTAB，1400 mmol/L NaCl，20 mmol/L EDTA，100 mmol/L Tris-HCl，pH 值 8.0，2% β-巯基乙醇），25 μL 10% SDS，

3 μL蛋白酶K（20 mg/mL）充分混匀，65℃水浴2 h，每30 min摇匀一次；

（5）加入1倍体积Tris饱和酚，剧烈震荡，离心（12 000 r/min，10 min）；

（6）取上清液于干净的1.5 mL EP管中，加入1倍体积的氯仿-异戊醇（24：1），缓慢颠倒（不可剧烈震荡），充分混匀，12 000 r/min离心10 min［注意：可重复第（5）和第（6）步1~2次］；

（7）吸取上清液于干净的1.5 mL EP管中，加入2倍体积的冰冷无水乙醇（保存于-20℃条件）和0.1倍体积的乙酸铵（10 mol/L），在-20℃下放置2 h后，12 000 r/min离心10 min，吸掉乙醇；

（8）加入浓度为75%的冰冷乙醇1.4 mL，12 000 r/min离心10 min，吸掉乙醇；

（9）在超净工作台（JB-CJ-1000Fx，佳宝，苏州）上风干液体，加入30~50 μL无菌双蒸水或TE，充分溶解DNA，置于-20℃保存。

用琼脂糖水平电泳检测所提取的基因组DNA的质量，完整、高分子量的基因组DNA可用于PCR扩增等实验。

2.1.6.2　PCR扩增并回收产物

用于本研究的PCR扩增引物见表2.1，均由上海生工生物工程股份有限公司合成。

表2.1　本研究所用PCR扩增引物

分子标记		引物序列	参考文献
*cpc*BA-IGS	PCβF	5′-GGCTGCTTGTTTACGCGACA-3′	Neilan 等（1995）
	PCαR	5′-CCAGTACCACCAGCAACTAA-3′	
*gyr*B	F	5′-CGATGAGGCCGTAGCGGGTTACTG-3′	Yoshida 等（2008）
	R	5′-CTCTTTCGCTACAATCAGCCA-3′	
cpSSU	1F	5′-TTAAGCATATCACTCAGTGGAGG-3′	Stacy 等（2013）
	C1R	5′-GCTATCCTGAGGGAAACTTCG-3′	

如用基因组DNA进行PCR扩增，PCR反应体系为20 μL，包含200 μmol dNTPs，1.5 mmol MgCl$_2$，10×buffer PCR缓冲液2 μL，10 mg/mL BSA 1 μL，引

物各 10 pmol，1 μmol/min TaqDNA 聚合酶 0.2 μL，10~20 ng 的 DNA 模板，其余量用双蒸水补足。

20 μL 反应体系于 MJ Mini BioRad PCR 仪（BioRad, USA）中扩增，扩增条件为：94℃预变性 3 min；94℃变性 30 s，55℃退火 30 s，72℃延伸 50 s，共 35 次循环，72℃延伸 10 min。

采用割胶纯化的方法对 PCR 扩增产物进行回收，然后用琼脂糖凝胶回收纯化试剂盒（BioFlux Gel Extraction Kit）的纯化 PCR 产物。

2.1.6.3　TA 克隆

1）目的片段与载体连接

将纯化后的 PCR 产物（Insert DNA）与 pMD18-T 载体（TaKaRa）连接（Vector DNA 和 Insert DNA 的摩尔数比为 1∶2~1∶10，根据具体的实验情况选择合适的 Vector DNA 和 Insert DNA 的摩尔数比）。Insert DNA 使用量的计算方法如下：

Insert DNA 的使用量（ng）= nM 数×660×Insert DNA 的 bp 数

连接体系为 5.25 μL，包含 Solution I 2.5 μL，pMD18-T Vector 0.25 μL，Insert DNA 2.5 μL。连接条件为：16℃条件下反应 45~60 min。

2）连接产物转化大肠杆菌感受态细胞

（1）取出冻存于-80℃冰箱的感受态细胞，放冰上融化。

（2）将连接好的产物全部加入感受态细胞（50~100 μL）中，并轻轻混匀，冰浴 30 min。

（3）放入调好的 42℃水浴锅中，精确热激 90 s，迅速置于冰上 1~2 min；在超净工作台中加入液体 LB 培养基（不加任何抗生素）200 μL。

（4）将 1.5 mL 的 EP 管转移到调好的摇床上（温度：37℃；转速：150 r/min），温育 45 min。

（5）取出并放入离心机，3000 r/min 离心 3 min，弃上清液，保留 100 μL 混匀悬菌液涂布于加有适量氨苄霉素的培养平板上（涂布前可在 37℃恒温培养箱中预热 20 min），于 37℃恒温培养箱中培养 12~16 h。

3）挑取单克隆菌落并检测

（1）在 1.5 mL 的 EP 管中加入 800 μL 含有氨苄霉素的液体 LB 培养基。

（2）挑取单克隆菌落于 EP 管中，放入摇床中（37℃，240 r/min），培养 3~4 h。

（3）PCR 扩增检测。

2.1.6.4　基因序列的测定及分子系统分析

PCR 产物由北京华大基因科技有限公司进行正向、反向测序，将测序得到的序列整理拼接后，用 Clustal X 1.83 软件对测序所得到的基因序列和 GenBank 数据库中的基因序列进行多序列对齐排列。用 DAMBE 5.3 软件来估计核苷酸替代饱和性。

运用分子进化遗传分析软件 MEGA 6.06 中的 Kimura2-parameter 模型计算各序列间的距离和序列相似性等，采用邻接法（Neighbor-joining method，NJ）构建 NJ 树，空位或缺失位点均当作配对删除（Pairwise deletion）处理。构建系统树的方法用自展检验（Bootstrap，BP）估计系统树分支节点的置信度，自展数据集为 1000。最大简约（Maximum parsimony，MP）树的构建也用 MEGA 6.06 软件来完成，MP 树拓扑结构的节点支持也是由 1000 次重复自展检验分析获得。利用 PHYML 3.0 软件构建最大似然（Maximum likelihood，ML）树，用于 ML 分析的最适取代模型及相关参数是通过 Modeltest（Version 3.7）程序对不同模型及参数设定下得到的 ML 树的-lnL 值进行分级似然比检验（Hierarchical likelihood ratio test，hLRTs）而选取得到。

2.2　实验结果

2.2.1　浮游植物区系组成及优势种

2012—2016 年，通过对采集样品的观察，共鉴定出浮游植物 202 种，隶属于 7 门 72 属，区系组成主要以绿藻门、硅藻门和蓝藻门为主。其中，绿藻门种类最多，有 29 属 85 种；其次为硅藻门，有 28 属 61 种；蓝藻门次之，有 9 属 46 种；其他门种类相对较少，裸藻门 2 属 5 种，甲藻门 2 属 2 种，金藻门 1 属 1 种，隐藻门 1 属 2 种（图 2.2）。随着季节和年份的变化，浮游植物物种总数呈上升趋势，尤其是蓝藻门、绿藻门和硅藻门，每年采集的样品中都会发现新出现的物种（不是分类学中的新种），并且数量也在不断上升。

统计每个采样点浮游藻类出现的频率和相对丰度，并以计算所得的优势度 $Y>0.02$ 来确定各样点的优势种。2012—2016 年，汾河太原河段 10 个采样点中的优势种类随时间变化情况见表 2.2。

表 2.2　2012—2016 年汾河太原河段浮游植物优势种变化

门	种	2012年 5月	7月	10月	2013年 5月	7月	10月	2014年 5月	7月	10月	2015年 5月	7月	10月	2016年 5月	7月	10月
蓝藻门	两栖颤藻（Oscillatoria amphibia）	+		+	+		+	+		+			+			+
	微小平裂藻（Merismopedia tenuissima）		+			+			+				+			+
	中华小尖头藻（Raphidiopsis sinensia）					+				+		+			+	
	不定微囊藻（Microcystis incerta）		+													
	铜绿微囊藻（M. aeruginosa）			+		+			+	+		+	+		+	
	惠氏微囊藻（M. wesenbergii）									+		+	+		+	
	阿氏浮丝藻（Planktothrix agardhii）				+			+						+		
	断裂颤藻（Oscillatoria fraca）										+					

续表

门	种	2012年 5月	2012年 7月	2012年 10月	2013年 5月	2013年 7月	2013年 10月	2014年 5月	2014年 7月	2014年 10月	2015年 5月	2015年 7月	2015年 10月	2016年 5月	2016年 7月	2016年 10月
绿藻门	四尾栅藻 (Scenedesmus quadricauda)		+	+		+	+		+	+		+	+		+	+
	小空星藻 (Coelastrum microporum)					+			+						+	
	小球藻 (Chlorella vulgaris)								+			+			+	
	美丽网球藻 (Dictyosphaerium pulchellum)		+			+			+							
硅藻门	尖针杆藻 (Synedra acus)	+	+	+	+	+	+	+	+	+	+	+	+	+	+	+
裸藻门	膝曲裸藻 (Euglena geniculata)				+			+			+			+		
	血红裸藻 (Euglena sanguinea)				+			+								
甲藻门	微小多甲藻 (Peridinium pusillum)		+			+			+			+			+	
金藻门	分歧锥囊藻 (Dinobryon divergens)					+			+			+			+	
隐藻门	啮蚀隐藻 (Cryptomonas erosa)			+			+			+			+			+

注："+"表示优势种。

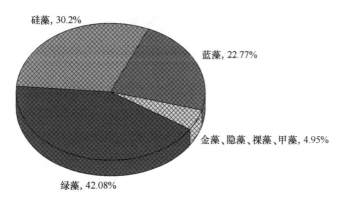

图 2.2　汾河太原河段浮游植物主要类群组成百分比

本研究调查结果显示，5 年间，10 个采样点的优势种呈现高度的时空异质性，并且在年内各个季度变化较大。5 年中，共发现浮游植物优势种 6 门 19 种，其中蓝藻门种类最多，占 42.11%，其次为绿藻门种类，占 21.05%；其他门优势种类相对较少。每年 5 月的优势种基本为裸藻、蓝藻和硅藻门的种类，其中跻汾桥和南中环桥段的优势种为膝曲裸藻和血红裸藻，其他采样点的优势种为蓝藻门和硅藻门种类。每年 7 月的优势种种类较多，蓝藻、绿藻、硅藻、甲藻和金藻都会成为优势种，但是蓝藻是绝对优势种，所占比例最大，这是由于蓝藻自身的优势，如伪空胞结构等，使其在和其他藻的生长竞争中可获得适宜的生长条件，从而快速生长。在空间分布上，南内环桥、迎泽桥、跻汾桥南和南中环桥段，优势种为铜绿微囊藻、惠氏微囊藻和微小平裂藻，胜利桥和长风桥段的优势种为绿藻门的四尾栅藻、小球藻、美丽网球藻和金藻门的分歧锥囊藻。10 月的优势种较 7 月有较大的变化，蓝藻门的微小平裂藻、阿氏浮丝藻、断裂颤藻、两栖颤藻，硅藻门的尖针杆藻，绿藻门的四尾栅藻和隐藻门的啮蚀隐藻成为 10 个样点中的优势种。尖针杆藻在各月和各样点都以优势种存在。

2.2.2　浮游植物细胞密度变化规律

浮游植物细胞密度是反映水体富营养化程度的重要指标。从表 2.3 中可以看出，2012—2016 年，汾河太原河段浮游植物细胞密度呈现高度的时空异质性，并且在年内各个季度分配不均。在这 5 年中，5 月汾河太原河段 10 个采样点的浮游植物平均细胞密度为 $68.85 \times 10^6 \sim 74.00 \times 10^6$ 个/L，7 月浮游植物平均细胞密度为 $194.57 \times 10^6 \sim 226.70 \times 10^6$ 个/L，10 月浮游植物平均细胞密度为 $45.63 \times 10^6 \sim$

63.00×10^6个/L。随着年份的变化，藻类的细胞密度呈上升趋势，并且蓝藻占绝对优势。由于 5 月太原市天气刚刚转暖，水温和气温都较低，水体中浮游植物也相对较少。7 月初太原市白天平均气温在 28℃以上，水温较高，雨水也较多，通过雨水排入汾河的污染物也增多，更容易引起水体的富营养化。进入 10 月，太原市天气逐渐转冷，白天平均气温已降到 13℃左右，浮游植物细胞密度也就显著降低，但是蓝藻仍然是优势种。每年的 5 月、7 月和 10 月，蓝藻门、绿藻门、硅藻门、裸藻门和隐藻门的植物都会占有一定的比例，其中蓝藻门植物的种类占细胞总数的 50%以上。5 月未发现有甲藻门和金藻门的种类。

通过这 5 年的采样调查发现，在空间分布上，每年的 5 月，跻汾桥和南中环桥段会发生小面积的裸藻水华，持续时间大约为 1 个月，其他采样点未发现有裸藻水华出现。每年的 7 月，迎泽桥段、南内环桥和南中环桥段，水体富营养程度较高，氮、磷含量均超标，蓝藻门植物细胞密度最大，尤其是微囊藻数量占有绝对优势，发生的水华都是铜绿微囊藻和惠氏微囊藻水华。其次是绿藻和硅藻，且 2014—2016 年优势种也发生了较大的变化。每年的 10 月，各个采样点的隐藻细胞密度会增加，成为新的优势种。10 个采样点中，处于汾河太原河段上游的柴村桥附近有一块较大的人工湿地，污染相对较小，水体中蓝藻植物细胞密度明显低于下游段，水质较好。由于有这样好的自然生态系统，生物多样性也在不断增加，栖息繁衍的鸟类品种由原来的十余种增加到 150 余种。但是，近两年的调查结果显示，2015—2016 年柴桥村附近一些排污口偷排现象严重，浮游植物细胞密度呈显著上升的趋势，尤其是蓝藻，细胞密度在增加。2015 年 10 月底，该采样点还发生了小面积的铜绿微囊藻水华，持续时间为 2 天。而在 2012—2014 年，每年 10 月底整个河段蓝藻数量都在急剧下降，只发现有非常少的微囊藻，未发生水华。这种现象的发生需要引起山西省环保部门及市民的注意，相关管理部门应加大对偷排现象的查处力度，防止水体富营养化加重，避免大面积水华的发生。

表 2.3　2012—2016 年汾河太原河段浮游植物细胞胞密度

（×10^{6}个/L）

门类	2012 年			2013 年			2014 年			2015 年			2016 年		
	5 月	7 月	10 月	5 月	7 月	10 月	5 月	7 月	10 月	5 月	7 月	10 月	5 月	7 月	10 月
蓝藻门	32.40	140.23	28.42	29.75	145.85	32.38	32.75	146.80	34.08	29.42	158.16	36.72	32.84	158.34	40.55
绿藻门	7.64	23.45	10.74	8.85	24.45	8.75	9.33	27.50	11.33	9.64	34.33	12.64	8.71	39.16	14.17
硅藻门	5.69	26.85	3.79	6.40	25.65	4.03	6.75	24.38	4.08	7.32	25.39	5.47	6.47	24.71	5.88
甲藻门	0.00	0.45	0.06	0.00	0.30	0.08	0.00	0.42	0.08	0.00	0.38	0.07	0.00	0.34	0.09
隐藻门	0.02	0.35	2.42	0.02	0.10	2.25	0.00	0.22	1.64	0.00	0.16	1.85	0.04	0.24	2.09
裸藻门	23.10	3.12	0.12	24.15	3.42	0.13	25.17	3.13	0.10	26.34	3.58	0.12	25.71	3.66	0.14
金藻门	0.00	0.12	0.08	0.00	0.26	0.06	0.00	0.18	0.05	0.00	0.21	0.06	0.00	0.25	0.08
总计	68.85	194.57	45.63	69.17	200.03	47.68	74.00	200.63	51.36	72.72	222.21	56.93	73.77	226.70	63.00

2.2.3 形成水华的裸藻和微囊藻的形态特征及分布

2.2.3.1 裸藻的形态特征及分布

1）膝曲裸藻（*Euglena geniculata*）的形态特征及分布

E. geniculate Dujardin, Hist. nat. Zooph. −Inf., p. 362, 1841；Chu, Sinensia, 17：100, fig. 9, 1947.

细胞形态多变，常为纺锤形，前端钝圆，末端渐尖。表质具螺旋线纹，自左向右环绕。细胞长约 75 μm，宽约 20 μm。眼点明显，呈表玻型。细胞核的前后两端各具 1 个呈星形的色素体。每个星形色素体由多个条带状色素体辐射排列而成，中央具 1 个带副淀粉粒的蛋白核。鞭毛约与体长相等（图 2.3A 和图 2.3B）。

生境：多生于小型静止水体中（水池、水沟和水塘），可形成膜状水华。

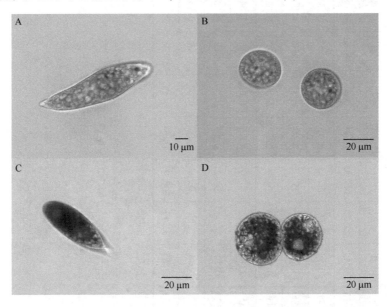

图 2.3 膝曲裸藻（A 和 B）和血红裸藻（C 和 D）的光学显微照片

2）血红裸藻（*Euglena sanguinea*）的形态特征及分布

E. sanguinea Ehrenberg, Abh. Berl. Akad. Wiss. Physik. aus d. Jahre, 1830；Chu, Sinensia, 17：103, figs. 11−17, 1947.

细胞形态多变，常为纺锤形，前端钝圆，末端渐尖呈尾状。表质具螺旋线纹，自左向右环绕。细胞长约 50 μm，宽约 20 μm。具多个呈星形的色素体，每个星形色素体由多个条带状色素体辐射排列而成，中央具 1 个带副淀粉粒的蛋白核。含有裸藻红素。鞭毛约为体长的 1.5 倍。眼点明显，呈表玻型（图 2.3C 和图 2.3D）。

生境：常分布于有机质丰富的水池或水塘中，可形成红色的膜状水华。

2.2.3.2　微囊藻的形态特征及分布

1）铜绿微囊藻（*Microcystis aeruginosa*）的形态特征及分布

M. aeruginosa Kützing，1845—1849；Chu，p. 83，pl. XXⅧ，fig. 91，1950.

自由漂浮。群体团块较大，肉眼可见，橄榄绿色或深绿色。细胞球形，直径 4.5~5.8 μm，有气囊（gas vesicle）。群体中实，发育早期为球形或者椭圆形，随着群体不断增大，最终形成不规则形状。胶被的某些区域破裂或出现穿孔，群体成树枝状或似窗格的网状体。胶被内细胞排列较紧密。胶被不密贴细胞，距离 2 μm 以上。胶被无色或淡黄绿色，无折光、无层理且不明显（图 2.4C 和图 2.4D）。

生境：生长于各种水体中，可形成水华。

2）挪氏微囊藻（*M. novacekii*）的形态特征及分布

M. novacekii Compère，1974；Komárek & Anagnostidis in Ettl et al.，Süßwasserflora von Mitteleuropa 19/1，231，fig. 302. 1999.

自由漂浮。群体团块较小。细胞球形，直径 3.8~5.6 μm，有气囊。由胶被连接 3~5 个小群体形成形状不等的大群体，群体不形成树枝状，也未见穿孔。胶被不密贴细胞，距离 5 μm 以上。胶被较明显，呈无色或淡黄绿色，无折光。胶被内细胞排列较疏松，外层细胞一般呈现放射状（图 2.4E 和图 2.4F）。

生境：生长于富营养水体中，可形成水华，一般和其他微囊藻共同形成水华。

3）惠氏微囊藻（*M. wesenbergii*）的形态特征及分布

M. wesenbergii Komárek，1968；He J W et al. in Acta Hydrobiologica Sin. 20：192，fig. 1. 1996.

自由漂浮。群体团块较大，肉眼可见。群体形态变化最多。细胞球形或近球形，直径 4.6~8.2 μm，有气囊。群体胶被非常明显，无色透明，有层理，有折光。胶被内细胞少，但排列紧密，有时充满整个胶被。小群体常由胶被连成更大的球形、树枝状或网状群体（图 2.4G 和图 2.4H）。

生境：生长于各种水体中，尤其是富营养化水体，可形成水华。

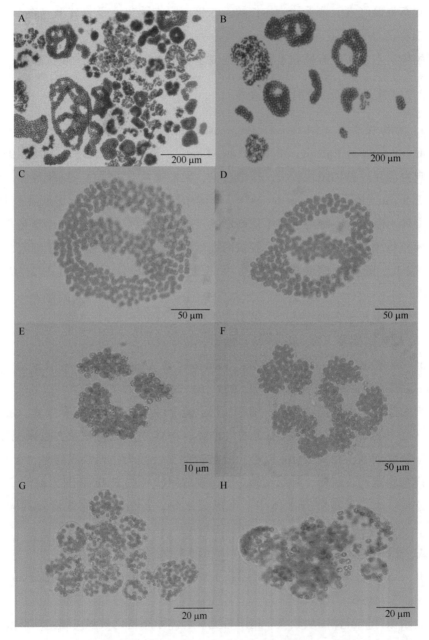

图 2.4　微囊藻水华群体（A 和 B）、铜绿微囊藻（C 和 D）、
挪氏微囊藻（E 和 F）和惠氏微囊藻（G 和 H）光学显微照片

2.2.4　形成水华的微囊藻的分子系统研究

2.2.4.1　基于微囊藻 *cpc*BA-IGS 序列的多样性及分子系统研究

82 株蓝藻的 *cpc*BA-IGS 序列用于系统发育树的构建，其中有 10 株是本研究分离纯化的微囊藻，71 株是从 GenBank 数据库下载的微囊藻 *cpc*BA-IGS 序列，还有 1 株设定为外类群，即集胞藻（NC_000911 *Synechocystis* sp. PCC 6803）。经 ClustalX 1.83 软件排序并校正部分序列，得到的序列矩阵总长度为 628 bp。用 MEGA6.06 软件分析发现，变异位点数（variable site，V）为 184 个，占总位点数的 29.3%。可供简约分析的信息位点数（parsimony-informative site，Pi）为 69 个，占总位点数的 11.0%。核苷酸组成（Nucleotide Composition）统计显示，碱基 A、T、C 和 G 的平均含量分别为 24.7%、24.2%、27.8% 和 23.3%。G+C 的含量为 51.1%，A+T 的含量为 48.9%，G+C 的含量略高于 A+T 的。基于 *cpc*BA-IGS 序列的碱基转换与颠换，同 GTR 遗传距离的相关性分析显示，这些序列的突变位点未达到饱和（图 2.5）。

经 ModelTest 软件计算结果显示，用微囊藻的 *cpc*BA-IGS 序列构建 ML 系统发育树的最优进化模型为 GTR+I+G。

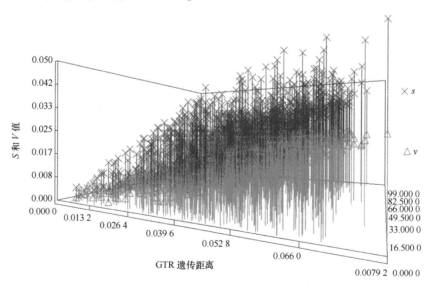

图 2.5　基于 *cpc*BA-IGS 序列的碱基转换与颠换同 GTR 遗传距离的相关性分析

82 株蓝藻的 *cpc*BA-IGS 序列构建的系统发育树显示（图 2.6），三种树的拓扑结

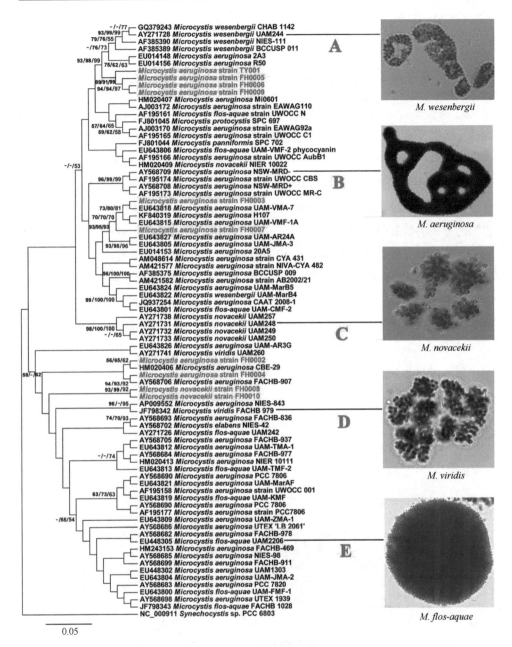

图 2.6　基于 *cpc*BA–IGS 序列构建的系统发育树

注：节点处数字代表 ML、MP 和 NJ 方法所构建的系统树的支持率，低于 50% 的未显示

构基本一致。本研究分离纯化得到的两株铜绿微囊藻 FH0003 和 FH0007 同 GenBank

数据库中的三株铜绿微囊藻（KF840319 *M. aeruginosa* H107、EU643818 *M. aeruginosa* UAM-VMA-7 和 EU643815 *M. aeruginosa* UAM-VMF-1A）分为一个聚类，且有较高的自展支持率。铜绿微囊藻 FH0004 和 AY568706 *M. aeruginosa* FACHB-907 分为一个聚类，FH0002 和 HM020406 *M. aeruginosa* CBE-29 分为一个聚类，这4株藻又聚为一个大类。分离纯化的挪氏微囊藻 FH0008 和 FH0010 形成一个独立簇，在 NJ、ML 和 MP 系统发育树中的支持率分别为 92%、93% 和 99%。铜绿微囊藻 FH0006 和 FH0009 形成一个聚类，和 FH0005、TY001 聚成一个大的簇。

2.2.4.2 基于微囊藻 *gyr*B 基因序列的多样性及分子系统研究

23 株蓝藻的 *gyr*B 基因序列用于系统发育树的构建，其中有 10 株为本研究分离纯化的微囊藻，12 株为 GenBank 数据库中下载的微囊藻 *gyr*B 基因序列，还有 1 株设定为外类群，即集胞藻（NC_000911 *Synechocystis* sp. PCC 6803）。经 ClustalX 1.83 软件排序并校正部分序列，得到的序列矩阵总长度为 930 bp。用 MEGA6.06 软件分析发现，变异位点数为 319 个，占总位点数的 34.3%。可供简约分析的信息位点数为 59 个，占总位点数的 6.3%。Nucleotide Composition 统计显示，碱基 A、T、C 和 G 的平均含量分别为 29.8%、23.0%、22.3% 和 24.9%。G+C 的含量为 47.2%，A+T 的含量为 52.8%，G+C 的含量低于 A+T 的，表明具有一定的 A、T 碱基偏好。基于 *gyr*B 基因序列的碱基转换与颠换同 GTR 遗传距离的相关性分析显示，这些序列的突变位点未达到饱和（图 2.7）。

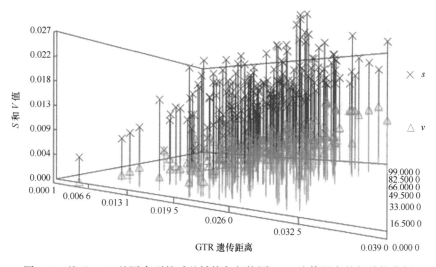

图 2.7 基于 *gyr*B 基因序列的碱基转换与颠换同 GTR 遗传距离的相关性分析

经 ModelTest 软件计算显示，用微囊藻的 *gyr*B 基因序列构建 ML 系统发育树的最优进化模型为 TrN+I+G。

23 株蓝藻的 *gyr*B 基因序列构建的系统发育树显示（图 2.8），三种树的拓扑结构基本一致。分离纯化的挪氏微囊藻 FH0008 和 FH0010 形成一个独立簇，在 NJ、ML 和 MP 系统发育树中的支持率分别为 97%、95% 和 98%，同微囊藻 *cpc*BA-IGS 序列构建的系统发育树显示的结果相同，自展支持率数值也非常接近。铜绿微囊藻 FH0006 和 FH0009 形成一个聚类，和 FH0005、TY001 聚成一个大的簇。挪氏微囊藻 FH0003 和 FH0007 也聚成一类，但是和片状微囊藻（CP011339 *M. pan-niformis* FACHB-1757）又聚成一个大的簇。FH0002 和 FH0004 形成一个聚类，但又和水华微囊藻（GU248273 *M. flos-aquae* TX016）聚成一个大的簇。GenBank 数据库中的铜绿微囊藻 *gyr*B 基因序列也没有全部形成一个聚类。

图 2.8　基于 *gyr*B 基因构建的系统发育树

注：节点处数字代表用 ML、MP 和 NJ 方法所构建的系统树的支持率，低于 50% 的未显示

2.2.5　形成水华的裸藻的分子系统研究

35 株裸藻的 cpSSU 序列用于系统发育树的构建，有 2 株设定为外类群，即具瘤陀螺藻（FJ719704 *Strombomonas verrucosa*）和 1 株囊裸藻（EU221510 *Trachelomonas echinata*）。经 ClustalX 1.83 软件排序并校正部分序列，得到的序列矩阵总长度为 1350 bp。用 MEGA6.06 软件分析显示，核苷酸变异位点数为 524 个，占总位点数的 38.8%。可供简约分析的信息位点数为 379 个，占总位点数的 28.1%。Nucleotide Composition 统计显示，碱基 A、T、C 和 G 的平均含量分别为 28.5%、26.0%、18.6% 和 26.9%。G + C 的含量为 45.5%，A + T 的含量为 54.5%，G+C 的含量低于 A+T 的，表明具有 A、T 碱基偏好。基于 cpSSU 序列的碱基转换与颠换同 GTR 遗传距离的相关性分析显示，这些序列的突变位点未达到饱和（图 2.9）。

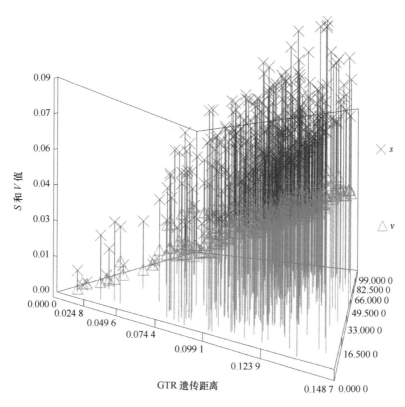

图 2.9　基于 cpSSU 序列的碱基转换与颠换同 GTR 遗传距离的相关性分析

经 ModelTest 软件计算显示，用裸藻的 cpSSU 序列构建 ML 系统发育树的最优进化模型为 GTR+I+G。

35 株裸藻的 cpSSU 序列构建的系统发育树显示（图 2.10），使用三种方法构建的系统发育树有非常相似的拓扑结构。本研究中分离纯化得到的 1 株裸藻 TY501 和 GenBank 数据库中的血红裸藻 JQ281799 *E. sanguinea* ACOI 1267 和 JQ281800 *E. sanguinea* Henderson 亲缘关系较近，三种发育树中显示的自展支持率均为 100%。这三株血红裸藻和 GenBank 数据库中序列相似性较高的其他裸藻分为一个聚类 C，并获得较高的支持率，与其他裸藻种（聚类 A、B 和 D）明显区分开，分成不同的聚类。光学显微镜下根据形态特征观察，也鉴定为血红裸藻。形态观察和分子生物学数据相吻合，可以确定这株水华裸藻株为血红裸藻。

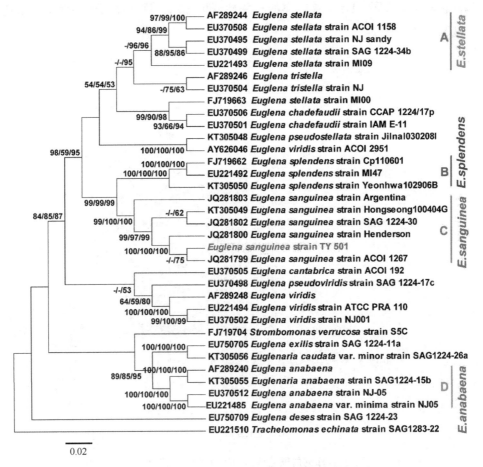

图 2.10　基于 cpSSU 序列构建的系统发育树

注：节点处数字代表 ML、MP 和 NJ 方法所构建的系统树的支持率，低于 50% 的未显示

2.3 讨论

2.3.1 汾河太原河段浮游植物群落特征及优势种变化

浮游植物是水体主要的初级生产者，其群落结构组成和分布对水生态环境有着重要的指示作用，而浮游植物群落结构、优势种类及其变化反映了水体的富营养化程度（Marchetto et al., 2009；朱为菊和王全喜，2011；李红等，2014）。2012—2016 年，每年 5 月、7 月和 10 月共 30 次采样，共鉴定出浮游植物 202 种，隶属于 7 门 72 属。比冯佳等（2011）在 2009 年的调查结果少了 22 种，同时，也未发现黄藻门浮游植物。究其原因，可能是由于污染程度的增加使得敏感型浮游植物种类大量消失。汾河太原河段水体浮游植物以绿藻门、硅藻门、蓝藻门为主，表现出典型的季节演替和周年变化特征。其中，绿藻门种类最多，硅藻门和蓝藻门次之，但蓝藻门细胞密度最高，占绝对优势，表明该区段水体已呈富营养化状态。这和之前对该区段的调查结果相似（冯佳等，2011；王捷等，2011）。一般认为，蓝藻为优势类群指示水体呈富营养化状态，绿藻为优势类群指示水体呈中营养化状态，硅藻为优势类群则指示水体呈贫营养化状态（刘建康，1999）。生态位变化大的浮游植物指示水体的富营养化状况更具可靠的生态学意义（汪志聪等，2010）。本研究调查结果显示，5 年间，10 个采样点的优势种呈现高度的时空异质性，并且在年内各个季度变化较大。这期间共发现浮游植物优势种 6 门 19 种，其中蓝藻门种类最多，占 42.11%；其次为绿藻门种类，占 21.05%；其他门优势种类相对较少。2009 年，冯佳等（2011）的研究发现，汾河太原河段水体的优势种大多数为蓝藻门的种类，共鉴定出 8 种，比本研究发现的优势种种类多。每年 5 月的优势种为裸藻门、蓝藻门和硅藻门的种类，其中跻汾桥和南中环桥段的优势种主要为膝曲裸藻和血红裸藻，这也是水体富营养化初期出现的优势种，并能大规模快速生长，形成水华，可认为这两种裸藻为水体富营养化初期的优势种。其他采样点的优势种为蓝藻门和硅藻门种类。每年 7 月优势种种类较多，蓝藻门、绿藻门、硅藻门、甲藻门和金藻门都会成为优势种，但是蓝藻门是绝对优势种，所占比例最大。蓝藻由于自身的优势（伪空胞结构等），能在和其他藻生长竞争中取得较快的生长速度。7 月是藻类生长最适宜的季节，由于气温和水温（约为 25℃）的上升，再加上雨水量的增加，把大量的营养物质冲刷到水体中，给浮游植物的生长提供了最佳条件。惠天翔等（2015）的研究发现，洋

49

河水库的表层水温在25℃以下时，绿藻门的波吉卵囊藻（*Oocystis borge*）为优势种；当温度升到25℃以上时，优势种迅速转为微囊藻。在空间分布上，南内环桥、迎泽桥、跻汾桥和南中环桥段，优势种为铜绿微囊藻、惠氏微囊藻和微小平裂藻。这几个桥段人口比较密集，还有附近一些污水处理厂未经处理的水也排到汾河水体中，加剧了水体的富营养化程度，导致繁殖能力极强的微囊藻迅速生长。胜利桥和长风桥段的优势种为绿藻门的四尾栅藻、小球藻、美丽网球藻和金藻门的分歧锥囊藻。可以表明，这两段水体的水质较其他样点好。10月的优势种与7月相比有较大的变化，蓝藻门的微小平裂藻、阿氏浮丝藻、断裂颤藻、两栖颤藻，硅藻门的尖针杆藻，绿藻门的四尾栅藻和隐藻门的啮蚀隐藻成为10个样点中的优势种。尖针杆藻在各月和各样点都以优势种存在。尖针杆藻作为富营养型水体藻类中的优势种长期存在于汾河太原河段水体中，优势度值较大，但是和每个季节优势度最大的优势种相比，优势度差距较大。这可能和尖针杆藻的生长习性有一定的关系。钱奎梅等（2008）运用浮游植物优势种和生物量的变化研究了太湖富营养化进程。对汾河太原河段水体富营养化的进一步研究，也可运用浮游植物优势种和生物量的变化结合水质理化数据进行全面调查。

2.3.2 微囊藻分子多样性讨论

到目前为止，在全球范围内已经报道了50多种微囊藻，但是微囊藻的分类还是比较混乱。造成混乱的原因主要有以下三个。

（1）室内纯化培养的微囊藻和野外单细胞、群体微囊藻种区别较大。

（2）同一微囊藻种的生态表型多样性高，不同的微囊藻有时会出现相同的生态表型和过渡类型。

（3）应用生理生化、分子生物学等方法研究显示，微囊藻属种类的基因型相似性较高（虞功亮等，2007）。

传统的分类学方法即通过光学显微镜观察细胞的形状、大小、细胞排列和胶鞘等特征来对微囊藻进行分类，但是细胞形态会随着生理生态等因素的影响而发生变化，出现复合型或过渡类型，如果仅依靠形态特征分类，会出现一些偏差。因此，通过形态、生理生化、分子生物学等综合方法对不同生境的微囊藻属种类进行系统研究，揭示微囊藻属的系统分类地位和多样性就变得非常重要（Otsuka et al.，2000；虞功亮等，2008；Yoshida et al.，2008）。

目前，我国对于微囊藻分子多样性的研究还很薄弱，尤其是很少发生微囊藻水华的中国北部地区，分离纯化得到的藻种更少。本研究从我国华北黄土高原山西省的汾河太原河段中分离到 8 株铜绿微囊藻和 2 株挪氏微囊藻。这也是首次得到汾河流域的挪氏微囊藻藻种，并对其分子系统进行研究。2009 年，作者曾在汾河水体中分离纯化得到了 7 株铜绿微囊藻藻种，也对其分子多样性进行了初步探讨（王捷等，2011）。16S rRNA（16S rDNA）是原核生物染色体上能够编码核糖体小亚基 RNA 的基因，被称为进化的"计时器"。由于它在生物体内普遍存在，且具有高度的保守性和一定的变异性，其分子演化速率又相对较慢，现在广泛用于蓝藻分子系统的研究中（陈迪等，2006）。有研究发现，这个基因比较保守而不宜作为种以下水平的分类研究（Wu et al.，2007）。而 DNA 促旋酶 β 亚基编码基因 gyrB（刘海林等，2010）和藻蓝蛋白的两个藻胆色素亚基之间的间隔区序列（cpcBA-IGS）（Tan et al.，2010）突变频率较高且含有丰富遗传变异信息，是蓝藻分类和分子系统研究的有效分子标记，可对这些相似形态种的种间和种内分子多样性和分类地位进行判断。刘海林等（2010）发现微囊藻 gyrB 基因（974bp）种间序列相似性≥96.7%，铜绿微囊藻种内序列相似性为 98.5%，表明表型和基因型的聚类无直接关系，相同地理位置的微囊藻也可能不会聚为一簇。Wu 等（2007）发现微囊藻种间 cpcBA-IGS 序列相似性为 94.0%~99.8%。近年来，国内外许多研究者也利用 ITS 序列的差异性来探讨微囊藻种群之间的基因型以及种群之间的动态变化和演替（Briand et al.，2009；Sabart et al.，2009）。陈月琴等（1999）发现不同微囊藻种间 ITS 序列相似性为 94.8%，表明铜绿微囊藻和惠氏微囊藻有较近的亲缘关系。Otsuka 等（1999）公布的 ITS 序列相似性为 93.3%~100%，铜绿微囊藻种内序列相似性为 95.9%。比较这三个基因，我们可以判定，cpcBA-IGS 序列的变化区域要大于 ITS 和 gyrB。基于 cpcBA-IGS 序列和 gyrB 基因构建的 NJ、ML 和 MP 系统发育树显示，汾河太原河段的铜绿微囊藻和挪氏微囊藻具有一定的分子多样性，并且汾河的铜绿微囊藻与我国北部其他地区和中南部地区的铜绿微囊藻基因型存在差异。吴忠兴（2006）对我国部分地区的微囊藻进行分子系统学研究，结果表明，中国中北部和南部地区的微囊藻有不同的基因型。本研究得出的结论也支持这个观点。综合以上结果表明，中国不同地区分布的微囊藻具有较高的基因多样性。使用 cpcBA-IGS 序列和 gyrB 基因构建的 NJ、ML 和 MP 系统发育树显示的结果不相同，说明同一地域表型相同的微囊藻，基因型可能是不同的，但基因型的聚类和表型没有直接关系。

2.3.3 汾河太原河段裸藻水华发生的探讨

我国大中型淡水湖、水库和江河常发生蓝藻、绿藻和硅藻水华，裸藻水华很少发生。而每年的 4 月初到 11 月底，在有机质丰富的静止水体中，如池塘、鱼塘等，经常发生裸藻水华，对鱼、虾等养殖业造成极大危害。绿色裸藻（*Euglena virdis*）、变形裸藻（*E. variabilis*）和血红裸藻为优势种，可经常引起裸藻水华的发生（刘国祥，2009）。本研究发现，2013 年后，每年 5 月初太原天气开始转暖，汾河太原河段的跻汾桥和南中环桥段都会发生一定规模的裸藻水华，持续时间大约为 1 个月，然后裸藻生物量急剧下降，优势种变为绿藻门中的种类。经鉴定，发生水华的种类为膝曲裸藻和血红裸藻。可能的原因是汾河太原河段经过冰封期营养物质的积累，有机质更加丰富，裸藻也可适应较低温度的生长，在太原天气转暖的同时，裸藻也逐渐生长，达到一定温度后，膝曲裸藻和血红裸藻迅速大规模生长，导致水华的发生。有的鱼虾养殖户曾猜测裸藻死亡分解后会释放出毒素，且毒性较大，并可引起鱼虾逐渐中毒死亡（李连同，2013）。但目前并未发现有裸藻产毒素的报道，某些裸藻种可能会产生毒素，在以后的研究中，可对野外采集或分离纯化的裸藻进行产毒分析。这对于裸藻种的分类地位的研究，具有非常重要的意义。

2.3.4 汾河太原河段水质评价

浮游植物的优势种和细胞密度通常也可以反映水体的富营养化程度。蓝藻多是耐污性比较强的种类，其细胞密度急剧增加并最终成为优势类群是水体富营养化的重要表征之一，即蓝藻细胞密度越高，水体富营养化程度越严重（王朝晖等，2004；王瑜等，2011）。2012—2016 年，本课题组对汾河太原河段水体浮游植物进行了 5 年的采样调查。从时空分布上看，每年的 5 月，跻汾桥和南中环桥段会发生小面积的裸藻水华，持续时间较长，大约为 1 个月，但是，其他采样点未发现有裸藻水华出现。每年的 7 月，迎泽桥段、南内环桥和南中环桥段，水体中浮游植物多样性明显降低，蓝藻门植物细胞密度最大，尤其是微囊藻数量占有绝对优势，发生的水华都是铜绿微囊藻和惠氏微囊藻水华，说明这三段水体的富营养化程度较高。绿藻和硅藻的细胞密度仅次于蓝藻，且近 3 年各个采样位点的优势种也发生了较大的变化。每年的 10 月，各个采样点隐藻细胞密度会增加，成为新的优势种。由于 5 月太原市天气刚刚转暖，水温和气温较低，水体中浮游植物相对较少。7月初，太原市白天平均气温在28℃以上，水温较高，雨水也较多，通过雨水排入汾河的污染物也增多，更容易引起水体的富营养化。10月，太原市天气逐渐转冷，白天平均气温会降到13℃左右，大多数浮游植物不能在低温生活而死亡，细胞密度也显著降低，但是蓝藻门的一些种类仍然是优势种。每年的5月、7月和10月，蓝藻、绿藻、硅藻、裸藻和隐藻植物都会占有一定的比例，蓝藻门种类占细胞总数的50%以上。

研究表明，浮游植物细胞密度小于$30×10^4$个/L时水体为贫营养型，$30×10^4$~$100×10^4$个/L时为中营养型，大于$100×10^4$个/L时为富营养状态（王明翠等，2002）。2012—2016年，汾河太原河段浮游植物细胞密度呈现高度的时空异质性，并且在年内各个季度分配不均，5月汾河太原河段10个采样点的浮游植物平均细胞密度为$68.85×10^6$~$74.00×10^6$个/L，7月浮游植物平均细胞密度为$194.57×10^6$~$226.70×10^6$个/L，10月浮游植物平均细胞密度为$45.63×10^6$~$63.00×10^6$个/L。随着年份的变化，藻类的细胞密度呈现上升的趋势，并且蓝藻的细胞密度以绝对的优势呈现上升的趋势。出现这种情况的主要原因是由于气温的升高，上游生活污水和工业废水的排入，导致汾河太原河段水体自净能力降低，水质恶化，水体富营养化程度加重。目前，汾河太原河段的水质状况需要引起环保等有关部门及市民的足够重视，防止大规模水华的再次发生，对水体的异味问题有待更进一步的研究。

2.4　小结

2012—2016年，通过对采集样品的观察，共鉴定出浮游植物202种，隶属于7门72属，区系组成主要以绿藻、硅藻、蓝藻为主。随着季节和年份的变化，浮游植物物种总数呈上升趋势，尤其是蓝藻、绿藻和硅藻，每年采集的样品中都会发现新出现的物种（非分类学中的新种），并且数量也在不断上升。这5年中，10个采样点共发现浮游植物优势种6门19种，其中蓝藻门种类最多，占42.11%；其次为绿藻门种类，占21.05%；其他门优势种类相对较少。但是每年的5月，跻汾桥和南中环桥段都会出现裸藻水华，而每年的7—9月，各采样点都会出现面积不等的微囊藻水华，并且是不同种的微囊藻形成优势种。各采样点的优势种呈现高度的时空异质性，并且在年内各个季度变化较大。研究通过形态和分子生物学结合的手段，对发生水华的优势种进行了鉴定。结果表明，5月发生的裸藻水华，优势种为血红裸藻；7—9月发生的微囊藻水华，优势种为铜绿微囊藻、挪氏微囊藻和惠氏微囊藻。

第三章 汾河太原河段微囊藻的产毒能力及产异味成因

水体富营养化引起的蓝藻水华是全球关注的重要环境问题（Paerl and Huisman，2008）。最常见且危害最大的是微囊藻水华，其在生长和分解过程中能产生具有危害性的环肽类毒素——微囊藻毒素（MCs）和挥发性的异味代谢产物（王捷等，2011；王中杰，2012）。

蓝藻门中的微囊藻、鞘丝藻、鱼腥藻、念珠藻、尖头藻、拟柱胞藻、束丝藻和节球藻等藻类可产生藻毒素（Svrcek and Smith，2004）。藻毒素能使人的眼睛和皮肤过敏，还可对人类的肝脏、肾脏及其他器官产生极大的损伤（张庭廷和张胜娟，2014）。其中，微囊藻毒素危害最大，美国、英国、澳大利亚、中国等国都检测到某些饮用水水源中有MCs。世界卫生组织建议饮用水中的MCs含量应低于 1 μg/L。21 世纪初，我国卫生部和国家环境保护总局规定饮用水水源中 MC-LR 含量的基准值为 1 μg/L（徐瑶，2011）。目前，微囊藻毒素检测的方法主要有 PPIA（Protein phosphatase inhibition assay）、ELISA（Enzyme linked immunosorbent assay）、HPLC（High performance liquid chromatography）和 PCR（Polymerase chain reaction）检测法（Harke et al.，2016）。随着微囊藻产毒素基因簇的完全解析，mcyA、mcyB、mcyD 和 mcyE 等产毒基因的 PCR 检测成为一种简单、快速、有效的微囊藻毒素检测手段（Rantala et al.，2004；Manali et al.，2016）。近年来，荧光定量 PCR（刘洋等，2016）和 DNA 环介导恒温扩增（LAMP）（张柏烽等，2015）等方法被运用到微囊藻毒素基因的检测中。

导致水体异味的物质主要分为化学致味物质和生物致味物质，藻源异味物质是生物致味物质最重要的来源之一。目前研究较多的藻源异味物质是 2-甲基异莰醇（2-methyliso bomeol，2-MIB）、土臭素（Geosmin，GSM）、β-紫罗兰酮和 β-环柠檬醛（Chen et al.，2010；齐敏，2013）。β-环柠檬醛很早就被发现存在于自来水中，并能引发水体出现异味，且不容易被常用自来水氧化剂（Cl_2、

ClO_2 和 $KMnO_4$ 等）降解，氧化后也不会改变其异味特性。微囊藻水华的发生经常伴随有 β-环柠檬醛异味的产生，导致饮用水品质下降，增加了处理成本，对经济造成不可估量的损失，也给风景区的美学价值带来负面影响（宋立荣等，2004）。美国、德国、日本和芬兰等国的一些湖泊都相继出现过严重的水体异味事件。我国的巢湖、东湖、滇池和太湖等大的湖泊也都发生过水体异味事件，导致当地饮用水供应发生危机（徐盈等，1999；李林，2005；Guo，2007）。由于水体异味生物源广泛、生物活动周期长和产异味类群定位困难，藻源异味在水环境评价及水处理中已受到关注。

因此，本章以引发汾河太原河段水体发生水华的微囊藻为研究对象，分离纯化微囊藻藻株，对微囊藻的产毒能力及产异味物质进行分析，以期建立一种快速、稳定且有效的检测微囊藻产毒能力和产异味物质的方法，为水环境的安全监测提供一种预警手段。

3.1　材料与方法

3.1.1　实验材料

本章研究中所用的实验材料是第二章第 2.1.3 小节介绍的分离纯化而得的微囊藻（TY001、FH0002、FH0003、FH0004、FH0005、FH0006、FH0007 和 FH0008），并在适宜的条件下将其进行扩大培养。

3.1.2　微囊藻基因组的提取和 PCR 扩增

具体步骤同第二章第 2.1.6 小节中基因组 DNA 提取和 PCR 扩增的方法步骤，扩增引物见表 3.1。

3.1.3　总微囊藻毒素的提取及含量的测定

3.1.3.1　总微囊藻毒素的提取

取一定量的微囊藻细胞，在超声波清洗机中超声 10 min；离心机 8000 r/min，离心 5 min；去上清液，加入少量的去离子水；沸水浴加热 15 min，取出后迅速冰浴，然后 10 000 r/min，离心 10 min；上清液过 0.45 μm 的微孔滤膜，最后把含有微囊藻毒素的滤液用 Oasis HLB 固相萃取柱纯化（张杭君等，2005）。

表 3.1　本研究所用 PCR 扩增引物

分子标记		引物序列	参考文献
16S rRNA	P2	5′-GGGGAATTTTCCGCAATGGG-3′	Boyer 等（2001）
	P1	5′-CTCTGTGTGCCTAGGTATCC-3′	
*mcy*A	F	5′-AAAATTAAAAGCCGTATCAAA-3′	Otsuka 等（2000）
	R	5′-AAAAGTGTTTTATTAGCGGCTCAT-3′	
*mcy*D	F	5′-GATCCGATTGAATTAGAAAG-3′	Rantala 等（2004）
	R	5′-GTATTCCCCAAGATTGCC-3′	
*mcy*E	F2	5′-GAAATTTGTGTAGAAGGTGC-3′	Rantala 等（2004）
	R4	5′-AATTCTAAAGCCCAAAGACG-3′	

3.1.3.2　微囊藻总毒素含量的测定

微囊藻总毒素含量的测定采用酶联免疫吸附试剂盒（ELISA 试剂盒，Beacon Analytical Systems Inc，Maine，美国），按照试剂盒说明书进行测定。用自动多功能酶标仪（Infinite M200 PRO，Tecan，瑞士）读取吸光度值，波长设置为 450 nm。每个实验设置三组平行，重复测定三次取平均值。

3.1.4　微囊藻产异味物质分析

微囊藻产生的异味物质通过顶空固相微萃取-气相色谱法（HS-SPME-GC）测定（全国主要湖泊、水库富营养化调查研究课题组，1987）。具体的测定方法有以下几种。

（1）准确吸取处于对数生长期的微囊藻藻液 3 mL，放入 25 mL 的棕色螺口瓶中，补充超纯水至 10 mL。

（2）再加入 3.0 g NaCl（NaCl 需在 550℃条件下烘烤 6 h）和 1 个小的磁力搅拌器转子。

（3）将棕色螺口瓶置于磁力搅拌器上（转速 500 r/min），60℃ 水浴预热 15 min，固相微萃取装置固定于螺口瓶上方，将萃取头插入瓶内部顶空萃取 45 min。

（4）萃取结束后，将萃取头拔出，立即插入 GC 进样口中进行解吸附与 GC

分析。

　　所用仪器有：GC-2014C 气相色谱仪，FID 检测器（岛津，日本），毛细管色谱柱为 GL TC series Wonda Cap 5（0.25 mm×30 m×0.25 μm），固相微萃取（SPME）装置、65 μm 聚二甲基硅氧烷/二乙烯基苯涂层纤维（PDMS/DVB）萃取头和 25 mL 带 PTFE 涂层硅橡胶垫的棕色螺口瓶均为 Supelco® 产品（Sigma-Aldrich 公司，美国）。β-环柠檬醛和 β-紫罗兰酮标准样品购自 Sigma-Aldrich 公司，Geosmin 标准品（100 μg/mL）和 2-MIB 标准品（2-甲基异莰醇，100 μg/mL）为美国 Sigma-Aldrich 公司的 Supelco® 试剂，NaCl 为分析纯（上海国药）。

　　GC 的分析条件（全国主要湖泊、水库富营养化调查研究课题组，1987）：载气高纯为高纯 N_2（≥99.99%），恒压 150 kPa；H_2 恒压 45 kPa，空气恒压 40 kPa；无分流进样（splitless）模式，进样口温度 250℃，FID 检测器 270℃，毛细管柱温度程序为 60℃，2 min $\xrightarrow{5℃/min}$ 200℃，2 min $\xrightarrow{20℃/min}$ 250℃，2 min。

3.2　实验结果

3.2.1　微囊藻产毒素基因的检测结果

　　微囊藻的 3 个关键毒素合成基因 mcyA、mcyD 和 mcyE 的 PCR 扩增结果显示（图 3.1 至图 3.3），分离纯化得到的 8 株微囊藻中，有 7 株微囊藻检测出产毒素基因 mcyA，5 株微囊藻检测出 mcyD 基因，6 株微囊藻检测出 mcyE 基因。有 5 株微囊藻（FH0007、FH0006、FH0004、FH0003 和 TY001）检测到含有这 3 个关键的产毒基因。FH0005 只检测到有 mcyA 基因，而 FH0002 未检测到含有 mcyD 基因。FH0008 未检测到 mcyA、mcyD 和 mcyE 基因。

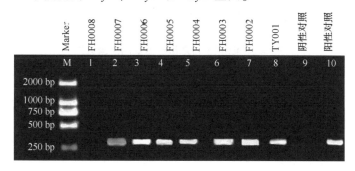

图 3.1　微囊藻 mcyA 基因的 PCR 扩增电泳图

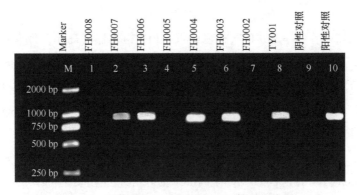

图 3.2　微囊藻 *mcy*D 基因的 PCR 扩增电泳图

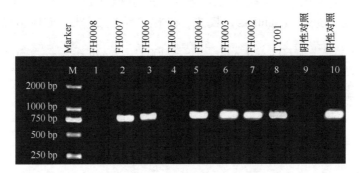

图 3.3　微囊藻 *mcy*E 基因的 PCR 扩增电泳图

3.2.2　产微囊藻毒素含量检测

ELISA 检测分离纯化的微囊藻毒素浓度，结果显示，同时含有 3 个微囊藻毒素合成基因的 5 株铜绿微囊藻（TY001、FH0003、FH0004、FH0006 和 FH0007）产低浓度的微囊藻毒素，毒素浓度见表 3.2。

表 3.2　ELISA 检测微囊藻细胞产毒素量

编号	TY001	FH0003	FH0004	FH0006	FH0007
浓度（pg/10^8 cells）	59.76±5.32	36.54±3.06	39.19±2.09	32.09±2.08	36.46±3.02

3.2.3　产毒素基因的变化及多样性

FH0002 和 FH0005 虽含有产毒基因 *mcy*A，但是未检测出产毒素。利用测序得到的 FH0002 和 FH0005 的 *mcy*A 基因核苷酸序列推导出氨基酸序列，并和 GenBank 数据库中下载的产毒微囊藻 *Microcystis aeruginosa* PCC7806（GenBank 登录号 AM778952）的部分氨基酸序列进行比对（图 3.4），结果显示，FH0002 相当于 *M. aeruginosa* PCC7806 的 5 个氨基酸 Leu-1608、Gln-1609、Lys-1610、Ser-1611、Gly-1612 分别变为 Tyr、Lys、Ser、Val、Thr，即 L、Q、K、S、G 变为 Y、K、S、V、T。FH0005 相当于 *M. aeruginosa* PCC7806 的 5 个氨基酸 Leu-1608、Gln-1609、Lys-1610、Ser-1611、Gly-1612 分别变为 Tyr、Arg、Val、Ile、Ser，即 L、Q、K、S、G 变为 Y、R、V、I、S。FH0005 相当于 *M. aeruginosa* PCC7806 的 Pro-1582 变为 Leu，即 P 变为 L；但是，FH0002 上这一位的氨基酸并未发生变化。

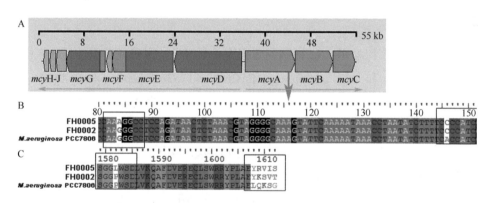

图 3.4　微囊藻毒素编码基因簇（A）及三株微囊藻（FH0005、FH0002 和
M. aeruginosa PCC7806）的 *mcy*A 基因（B）和氨基酸序列（C）比较

微囊藻产毒基因 PCR 扩增结果显示，FH0002 除了有 *mcy*A 基因，也有 *mcy*E 基因，但是未检测到有 *mcy*D 基因。和 GenBank 数据库中下载的产毒微囊藻 *M. aeruginosa* PCC7806（GenBank 登录号 AM778952）的部分 *mcy*E 基因序列比对（图 3.5），结果显示，共有 8 个碱基发生了替换，连续缺失了 3 个碱基，相应的氨基酸序列也会发生一定的变化。

基于 16S rRNA 基因序列和 3 个微囊藻毒素合成基因联合序列构建的邻接树比较发现（图 3.6A 和图 3.6B），这两树有较相似的聚类关系。16S rRNA 基因序

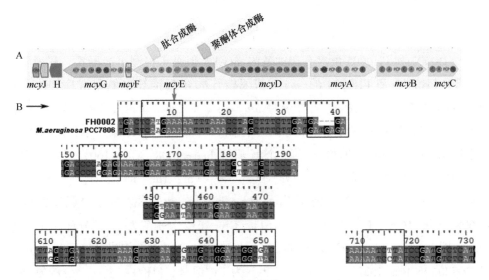

图 3.5 微囊藻毒素编码基因簇（A）及两株微囊藻（FH0002 和 *M. aeruginosa* PCC7806）的 *mcy*E 基因（B）序列比较

列构建的系统发育树显示，12 株微囊藻分为 4 个聚类，本研究分离纯化的 5 株产毒铜绿微囊藻和 *M. panniformis* FACHB－1757、*M. aeruginosa* PCC7806、*M. aeruginosa* NPLJ-4、*M. aeruginosa* PCC7941 分成一个聚类。3 个微囊藻毒素合成基因联合序列构建的系统发育树显示，12 株微囊藻分为 2 个大的聚类，其中，本研究分离纯化的 4 株产毒铜绿微囊藻（TY001、FH0003、FH0006 和 FH0007）和 *M. panniformis* FACHB－1757 聚为一类，但是 FH0004 未和它们聚为一簇；FH0004 和 *M. aeruginosa* NPLJ－4、*M. aeruginosa* NIES－89、*M. aeruginosa* NIES－843、*M. viridis* NIES-102 分成一个大的聚类，但是自展支持率非常低。

3.2.4 微囊藻产异味物质检测

对分离纯化的微囊藻挥发性异味物质的检测结果表明，8 株微囊藻中有 6 株（TY001、FH0002、FH0003、FH0004、FH0005、FH0006）可产生明显的异味。经过嗅觉异味判断及与常见异味种类标准品的比对，确定这 6 株微囊藻产生的异味物质主要为 β-环柠檬醛，其他三类淡水水体常见的藻源异味物质（GSM，2-MIB 和 β-紫罗兰酮）均未检出。GC 的分析结果显示，6 株产异味微囊藻的主要挥发性物质具有同 β-环柠檬醛标样一致的色谱学行为。在上述分析条件

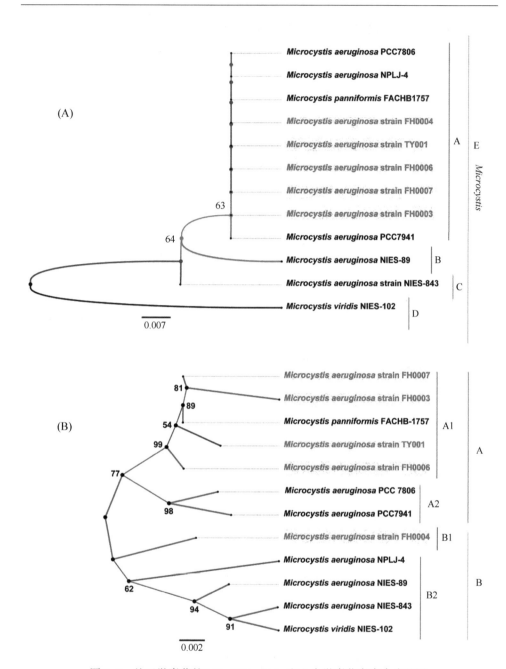

图 3.6　基于微囊藻的 16S rRNA（A）和 3 个微囊藻毒素合成基因
（mcyA、mcyD 和 mcyE）联合序列（B）的邻接树

注：节点处自展支持率数值小于 50%的不显示

61

下，其色谱主峰的保留时间与 β-环柠檬醛标样相同（图 3.7）。结合对藻株气味的嗅味判别（烟草味），可以确定这 6 株微囊藻产生的主要异味物质为 β-环柠檬醛。

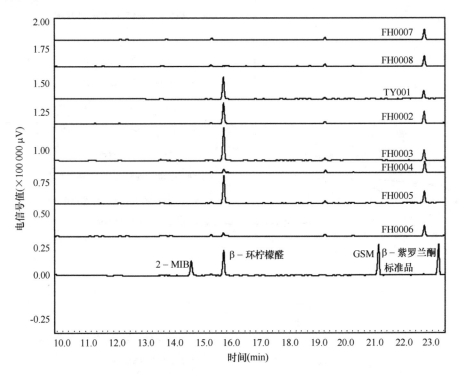

图 3.7　微囊藻藻株溶解性异味化合物与相关标准样品的气相色谱

3.3　讨论

3.3.1　汾河太原河段微囊藻产毒素基因及含量分析

目前，研究发现分布最广、产量和危害最大的是淡水水体中藻类产生和释放的次生代谢产物微囊藻毒素，它是一类具有强烈促癌作用的肝毒素，主要来自非固氮的微囊藻和浮丝藻，以及可固氮的鱼腥藻等浮游性蓝藻（Francy et al.，2016）。本研究是首次在汾河太原河段水体中发现微囊藻产毒素，分离纯化得到的 8 株微囊藻中有 5 株为产毒微囊藻，但是其所产的毒素浓度较低，远远低于一般微囊藻干粉产毒素量（0.30~2.00 mg/g）（杨松芹等，2008）的平均值。自然水体中的微囊藻毒素浓度为 0.1~10 μg/L，但是发生微囊藻水华水体中的微囊藻毒素浓度可达到 mg/L 级别（魏代春等，2013）。有研究表明，环境因子（温度、pH、光照、溶解氧和氮、磷等营养元素）对微囊藻毒素的产生有很大的影响。不同温度下生长的微囊藻，在 25℃ 时毒性最低，细胞增长最快，但是低温有利于微囊藻毒素的产生（何振荣等，1990）。同时，光强的增加也会促进微囊藻毒素的产生，但是达到一定的光照强度后，毒性会保持稳定（Watanabe and Oishii，1985）。太阳辐射强度和氮、磷、锌、铁等营养元素的浓度与微囊藻毒素的浓度成正比（Wicks and Thiel，1990；连民等，2001）。

微囊藻毒素合成基因对于毒素的合成起着非常重要的作用，微囊藻产生的微囊藻毒素是由全长 55kb 的 10 个 mcy 基因簇共同合成的（蒋永光，2014）。研究表明，产微囊藻毒素的藻株一定含有 mcy 全基因序列，但是含有 mcy 基因的藻株不一定产微囊藻毒素（Davis et al.，2009）。本研究中的 FH0005 和 FH0002 藻株含有 mcyA、mcyE 基因，但是未检测出毒素。以产毒微囊藻 M. aeruginosa PCC7806 的 mcyA 基因和氨基酸序列为参照，产毒素基因和氨基酸序列比对结果显示，FH0002 相当于 M. aeruginosa PCC7806 的 5 个氨基酸 Leu-1608、Gln-1609、Lys-1610、Ser-1611、Gly-1612 分别变为 Tyr、Lys、Ser、Val、Thr，即 L、Q、K、S、G 变为 Y、K、S、V、T。FH0005 相当于 M. aeruginosa PCC7806 的 5 个氨基酸 Leu-1608、Gln-1609、Lys-1610、Ser-1611、Gly-1612 分别变为 Tyr、Arg、Val、Ile、Ser，即 L、Q、K、S、G 变为 Y、R、V、I、S。Bozarth 等（2010）发现在美国加利福尼亚州 Copco 水库中的微囊藻 mcyA 氨基酸 Lys-1610 和 Ser-1611 中间插入了两个氨基酸 Thr 和 Phe，本研究中的两株铜绿微囊藻 FH0002 和 FH0005 的 mcyA 氨基酸并没有 Bozarth 等人发现的那种氨基酸插入现象，而是出现连续 5 个氨基酸的置换变化，这种连续 5 个氨基酸的置换变化是本研究首次发现的。有报道表明，微囊藻产毒基因碱基的插入、突变和缺失等变化也会造成微囊藻毒素产生异常现象（Kaebernick et al.，2001；Mikalsen et al.，2003）。FH0002 和 FH0005 未检测到 mcyD 基因，可能是在微囊藻的进化过程中丢失了该基因，造成了这两株铜绿微囊藻不产微囊藻毒素。Kurmayer 等（2004）对澳大利亚 Irrsee 湖和 Mondsee 湖的红色浮丝藻（Planktothrix rubescens）和阿氏浮丝藻（Planktothrix agardhii）产毒基因以及产毒能力进行研究时发现，红色浮丝藻和阿氏浮丝藻的产毒基因与产毒能力并不一致。

3.3.2 汾河太原河段微囊藻产异味物质分析

由藻源异味物质引起的水体异味目前已经成为严重的环境问题，而饮用水和水产品中的异味物质也逐渐受到人们的重视，因此，对水体尤其是饮用水水源地的水环境监测变得非常重要（王中杰，2012）。异味包括嗅觉异味和味觉异味，其中嗅觉异味包括土霉味、芳香味、草木味、鱼腥味、沼气味、化学药品味、氯化物味及药味八类（Suffet et al.，1999；Jähnichen et al.，2011）。水体中藻类产生的异味性次生代谢物种类繁多，最常见的是具有土霉味的 2-MIB 和 GSM，此外，还有 β-环柠檬醛、β-紫罗兰酮、香叶基丙酮和 2，4-癸二烯醛等（缪恒锋和陶文沂，2008）。本研究对分离纯化的微囊藻挥发性异味物质的检测结果表明，8 株微囊藻中有 6 株（TY001、FH0002、FH0003、FH0004、FH0005、FH0006）可产生明显的异味。经过嗅味判断及与常见异味种类标准品的比对，确定这 6 株微囊藻产生的异味物质主要为 β-环柠檬醛，其他三类淡水水体常见的藻源异味物质（GSM，2-MIB 和 β-紫罗兰酮）均未检出。有研究发现，我国淡水湖中的洞庭湖和太湖水源地均检出 β-环柠檬醛，太湖水源地的藻源异味来源主要是微囊藻（秦宏兵等，2016），而洞庭湖的异味物质可能来源于硅藻（邓绪伟等，2013）。2-MIB 和 GSM 主要源自富营养化水体中的蓝藻，而经常引起水华发生的微囊藻，常产生不饱和烯醛物质 β-环柠檬醛，但是未见检测到产生土霉味的 2-MIB 和 GSM 的报道（Young et al.，1999）。微囊藻细胞内的 β-环柠檬醛主要是由 β-胡萝卜素加氧酶催化氧化 β-胡萝卜素产生的，藻细胞死亡后才大量释放出来，产生明显的青草味或木头味（Scherzinger and Al-Babili S，2008）。β-环柠檬醛与微囊藻日变化量显著相关（李林等，2007）。Jüttner（1976）的研究表明，β-环柠檬醛主要是由微囊藻产生的，在发生微囊藻水华的水休中，会有高浓度的 β-环柠檬醛存在。本研究中的 6 株微囊藻产生的藻源异味物质均为 β-环柠檬醛，这种异味物质可能导致汾河太原河段的水体出现异味，进而影响该河段的整体水质。作者曾对与汾河相关联的太原水源地的藻类植物进行初步研究，发现有少量的铜绿微囊藻出现，所以对铜绿微囊藻进行大量监测和研究具有重要的意义，以防止太湖水体异味引起的"水危机"在太原重演。

3.4 小结

本研究在汾河太原河段水体中首次发现微囊藻产毒素，分离纯化得到的 8 株微囊藻中有 5 株为产毒微囊藻，但是其产毒素浓度较低。TY001、FH0003、FH0004、FH0006 和 FH0007 产毒素浓度分别为（59.76±5.32）pg/10^8 cells、（36.54±3.06）pg/10^8 cells、（39.19±2.09）pg/10^8 cells、（32.09±2.08）pg/10^8 cells 和（36.46±3.02）pg/10^8cells。分离纯化的微囊藻挥发性异味物质的检测结果表明，8 株微囊藻中有 6 株（TY001、FH0002、FH0003、FH0004、FH0005、FH0006）可产生明显的异味。经过嗅味判断及与常见异味种类标准品的比对，确定这 6 株微囊藻产生的异味物质主要为 β-环柠檬醛，其他三类淡水水体常见的藻源异味物质（GSM，2-MIB 和 β-紫罗兰酮）均未检出。

第四章 连苯三酚对铜绿微囊藻 TY001 的光合作用抑制机理

近年来，淡水水体富营养化引起的有害蓝藻水华已经成为全球严重的环境问题之一（Paerl and Huisman，2009；Ma et al.，2015）。蓝藻水华，特别是铜绿微囊藻水华，对水生态系统有巨大的影响，如水体中溶解氧的降低引起的水产养殖问题、饮用水供应问题等（Carmichael，1995；Dodds et al.，2009；Qin et al，2010）。更严重的是，有害蓝藻水华产生的次生代谢物（如蓝藻毒素）对水生生物、牲畜及人类有极大的危害（Kuniyoshi et al.，2013；Liu Y et al.，2015a）。汾河太原河段集休闲、度假、观光旅游为一体，是一个以"人、城市、生态、文化"为主题的大型公园，目前全长 12 km，宽 500 m，占地 600 hm² 。2011 年，该河段曾暴发罕见的大面积蓝藻水华，污染水域长达数千米，尤以迎泽大桥和南内环桥两个人口密集的桥段最为严重（王捷等，2015）。因此，控制藻类的大量生长和繁殖，消除频繁出现的有害蓝藻水华，成为一个环境热点问题。

目前采用的可去除有害蓝藻水华的方法有物理方法（如光覆盖、超声波除藻）和化学方法（如加化学试剂硫酸铜除藻）。但是，这些方法的实施对资金消耗较大，且会给淡水生态系统带来持续的二次污染。目前，利用生物学方法控制有害藻类水华引起了全球的关注（Körner and Nicklisch，2002）。研究表明，化感物质对于藻类的增殖有极大的抑制作用（Berger and Schagerl，2004）。目前发现，至少有 37 种化感物质对于浮游植物有抑制作用（Donk and Bund，2002；Gross，2003），其中，连苯三酚是对铜绿微囊藻抑制作用最强的化感物质之一（Nakai et al.，2000；Dziga et al.，2007）。而 Liu 等（2007）研究表明，浓度为 4.5 mg/L 的连苯三酚对铜绿微囊藻只有很小的抑制作用，培养两天后，细胞密度仅降低了 1.6%。Lu 等（2014）用浓度为 1 mg/L 的连苯三酚对铜绿微囊藻进行为期 10 天的抑制试验，发现抑制作用也很小。更高浓度的连苯三酚对铜绿微囊藻的抑制作用还没有被研究，特别是对光合作用的抑制机理还不完全清楚。

光合作用是浮游植物重要的生理作用，但是对化感物质非常敏感（Ma et al.，2006；Shao et al.，2013a）。近年来，化感物质对藻细胞的基因表达分析广泛应用于淡水生态系统中的化感作用研究中（Qian et al.，2012；Zhang et al.，2014）。$psbA$ 基因在浮游植物的光合作用中起着非常重要的作用，主要编码光合系统 Ⅱ 的关键蛋白——D1 蛋白（Nixon et al.，1991；Qian et al.，2012）。Shao 等（2009）研究表明，低浓度的连苯三酚可提高铜绿微囊藻 $psbA$ 基因的表达量。但是，一个基因表达量的变化不能完全反映藻类的光合作用变化。叶绿素荧光作为光合作用简便、快速和可靠的探针，已应用于环境胁迫下浮游植物的光合作用研究中（Pan et al.，2009；Wang et al.，2013）。尽管环境胁迫下叶绿素荧光参数的改变可以准确反映光合效率的变化（Wang et al.，2012），但是在连苯三酚作用下，铜绿微囊藻的叶绿素荧光变化尚未被研究。此外，可以研究更多的光合作用相关基因来反映藻类在环境胁迫下的光合作用能力。

本章主要研究连苯三酚对铜绿微囊藻 TY001 的抑制作用及光合作用的抑制机理。首先，研究连苯三酚对铜绿微囊藻 TY001 细胞密度的影响。其次，测定两个光合作用相关基因（$psbA$ 和 $psaB$）及藻蓝蛋白降解相关基因（$nblA$）表达量的变化。最后测定叶绿素荧光参数来评价藻类光合作用的变化及光系统 Ⅱ 的损伤机制。结合叶绿素荧光参数和光合作用相关基因表达量的变化，共同反映铜绿微囊藻 TY001 光合作用的变化情况。

4.1　材料与方法

4.1.1　藻种培养及实验处理

铜绿微囊藻 TY001 分离于汾河太原河段，接种到含有 MA 培养基（Kasai et al.，2004）的 250 mL 无菌锥形瓶中，然后放到光照恒温培养箱（SPX-250B-G，博迅，中国）中培养。培养条件为：温度 25±1℃，光照强度为 40 μmol/（m^2·s）（光源为冷白灯管），光暗比 12：12。锥形瓶每天摇两次，防止细胞聚集。

连苯三酚购买于天津市光复精细化工研究所。连苯三酚溶液需要现用现配。实验在 250 mL 的无菌锥形瓶中进行，先加入 95 mL 无菌的 MA 培养基和铜绿微囊藻 TY001，再加入 5 mL 不同浓度的连苯三酚溶液，使连苯三酚的终浓度分别为 1 mg/L、5 mg/L、10 mg/L、15 mg/L、20 mg/L，对照组加入 5 mL 无菌的双蒸水。初始光密度 OD_{680} 值为 0.110。每个处理设置 3 个重复，按照上述培养条件在光照恒温培养箱中培养 24 h。

4.1.2　铜绿微囊藻细胞完整性试验

细胞完整性的实验用碘化丙锭（PI）和双醋酸荧光素（FDA）双染色法进行研究。将 30 μL 的铜绿微囊藻 TY001 细胞悬浮置于 50 μL 新鲜的磷酸缓冲盐溶液（PBS，50 mmol/L，pH 值 7.4）中，加入 PI 和 FDA，使它们的终浓度分别为 30 μmol/L 和 2.4 μmol/L。在室温条件下，保持黑暗状态，染色 30 min（谌丽斌等，2005）。显微图像的拍摄使用激光共聚焦显微镜（LSM 880，Zeiss，德国）。细胞膜完整性使用流式细胞仪（BD FACSCaibur，BD，美国）测定，具体的实验步骤参考文献（Xiao et al.，2011）。数据用 PI 着色不完整细胞的百分比表示。

4.1.3　连苯三酚对铜绿微囊藻 TY001 生长的影响

细胞密度和光密度 OD_{680} 值密切相关（Kasai et al.，1993）。研究表明，细胞密度和光密度 OD_{680} 值有显著的线性相关关系（$R^2 > 0.99$）（Ge et al.，2010）。因此，用紫外–可见分光光度计（UV1800，岛津，日本）来测定铜绿微囊藻 TY001 的光密度值，光波长设定为 680 nm。

用浓度为 95% 的乙醇提取铜绿微囊藻的叶绿素（Eullaffroy and Vernet，2003）。用紫外–可见分光光度计来测定铜绿微囊藻 TY001 的光密度值，光波长设定为 665 nm 和 649 nm。具体计算公式为（Lichtenthaler and Wellburn，1983）：

$$C_{Chl-a}（mg/L）=（13.95 \times OD_{665}）-（6.88 \times OD_{649}）$$

4.1.4　RNA 的提取及检测

本研究所用的总 RNA 提取方法，是根据藻类的性质，在传统提取方法的基础上进行了改进。具体实验步骤如下。

（1）各处理光照培养 24 h 后，取适量铜绿微囊藻 TY001 藻液，在超声波清洗机中超声 2~3 min。然后放入离心机中离心 10 min，转速为 8000 r/min。

（2）收集藻细胞重悬于 RNAiso Plus 试剂（TaKaRa，中国），反复冻融 3 次，每次 5 min。

（3）室温静置 5 min。12 000 r/min 离心 5 min，转移到新的 1.5 mL EP 管中，加入 1/5 体积 RNAiso 量的氯仿，剧烈震荡 15~30 s。

（4）室温静置 5 min。冷冻离心机（HC – 2518R，中科中佳，中国）

12 000 r/min 离心 10 min，转移到新的 1.5 mL EP 管中（如果效果不太好，可再重复步骤 3 一次）。

（5）加入 0.5~1 倍体积 RNAiso 量的异丙醇，上下轻轻混匀。室温静置 10 min 或于−20℃冰箱放置 15~20 min，冷冻离心机 12 000 r/min 离心 10 min。

（6）用与 RNAiso 等量的乙醇（浓度为 75%，需现用现配）清洗沉淀。冷冻离心机离心（8000 r/min，5 min），吸掉上清液保留沉淀。

（7）自然干燥，加适量 DEPC 水溶解。

用 1% 的琼脂糖凝胶电泳检测提取总 RNA 的完整性。RNA 的纯度和含量使用微型紫外−可见分光光度计（NanoDrop 2000，Thermo，美国）测定。

4.1.5　逆转录及 qRT-PCR

将 400 ng 铜绿微囊藻的总 RNA 逆转录成 cDNA，使用逆转录试剂盒（TaKaRa，中国）完成，具体步骤按照说明书进行。

使用 qRT-PCR 研究 mRNA 的表达量，所用的引物序列见表 4.1。反应体系如下：10 μL 的 SYBR Premix Ex Taq（TaKaRa，中国），0.8 μL（10 μmol/L）的正向和反向引物，2 μL 稀释 20 倍的 cDNA，加无菌双蒸水到终体积 20 μL。反应条件为：95℃预变性 3 min；95℃变性 15 s；60℃退火 40 s；40 个循环。由于 16S rRNA 基因在不同环境条件下表达的稳定性有所不同，设定为相对定量的内参基因。反应在实时荧光定量 PCR 仪（7300，ABI，美国）中进行。用 C_t 值计算目标基因的表达量，基因表达的诱导比用 $2^{-\Delta\Delta C_t}$ 表示（Livak and Schmittgen，2001）。对照组和实验组实验重复三次，技术重复两次。

$$\Delta\Delta C_t = (C_{t,\,\text{target gene}} - C_{t,\,\text{16S rrn}})\,\text{stress} - (C_{t,\,\text{target gene}} - C_{t,\,\text{16S rrn}})\,\text{control}$$

表 4.1　本研究用于 qRT-PCR 的引物序列

目标基因	引物序列		参考文献
16S rrn	F	5′-GGACGGGTGAGTAACGCGTA-3′	Shao 等（2009）
	R	5′-CCCATTGCGGAAAATTCCCC-3′	
psbA	F	5′-GGTCAAGARGAAGAAACCTACAAT-3′	Shao 等（2009）
	R	5′-GTTG AAACCGTTGAGGTTGAA-3′	
psaB	F	5′-CGGTGACTGGGGTGTGTATG-3′	Zhang 等（2014）
	R	5′-ACTCGGTTTGGGGATGGA-3′	

目标基因	引物序列	参考文献
nblA	F 5′-TTTTCTCTGACCATCATTTGTTCG-3′ R 5′-CAGTTCAACATTCGTTCTTTTCAG-3′	Lu 等（2014）

4.1.6 连苯三酚对铜绿微囊藻叶绿素荧光的影响

测定快速叶绿素荧光诱导动力学曲线（O–J–I–P），使用连续激发式叶绿素荧光仪（FL3500，PSI，捷克）来测定。测定前需暗适应 20 min。具体参数的设定参照 Wang 等（2012）的文献。JIP-test 参数根据 O–J–I–P 曲线数值和推导出的计算公式（表 4.2）来计算（Sirasser et al.，1995）。

表 4.2　O–J–I–P 曲线分析和 JIP-test 参数

荧光参数及公式	说明
F_o	暗适应后样品的最初荧光值
F_J	J 阶段的荧光强度
F_I	I 阶段的荧光强度
F_m	暗反应最大的叶绿素荧光值
$F_{300\,\mu s}$	300 微秒时间点的叶绿素荧光值
$F_v = F_m - F_o$	暗反应变化的荧光强度
$F_v/F_m = (F_m - F_o)/F_m$	最大的光化学效率
$V_J = (F_{2\,ms} - F_o)/(F_m - F_o)$	在荧光曲线上，J 点处的可变荧光，反映反应中心的开放程度
$M_o = 4(F_{300\,\mu s} - F_o)/(F_m - F_o)$	荧光诱导曲线的初始斜率，反映 Q_A（指初级醌受体）被还原的最大速率
$\psi_o = ET_o/TR_o = 1 - V_J$	捕获的激子将电子传递到电子传递链中超过 Q_A 的其他电子受体的概率（在 $t = 0$ 时）
$\varphi_{E_o} = [1 - (F_o/F_m)]\,\psi_o$	用于电子传递的量子产额（在 $t = 0$ 时）
$\varphi_{P_o} = TR_o/ABS = F_v/F_m$	表示最大光化学效率（在 $t = 0$ 时）
$\varphi_{D_o} = 1 - \varphi_{P_o}$	用于热耗散的量子比率（在 $t = 0$ 时）
$ABS/RC = M_o\,(1/V_J)\,(1/\varphi_{P_o})$	单位反应中心吸收的光能

荧光参数及公式	说明
$TR_o/RC = M_o \ (1/ \ V_J)$	单位反应中心捕获的用于还原 Q_A 的能量（在 $t=0$ 时）
$ET_o/RC = M_o \ (1/V_J) \ \psi_o$	单位反应中心捕获的用于电子传递的能量（在 $t=0$ 时）
$DI_o/RC = ABS/RC - TR_o/RC$	单位反应中心耗散掉的能量（在 $t=0$ 时）
$RC/ABS = (1/M_o) . \varphi_{Po} . V_J$	基于吸收能量计算的反应中心的密度
$ABS/CS_o \approx F_o$	单位面积吸收的光能（在 $t=0$ 时）
$RC/CS_o = \varphi_{Po} \ (V_J/M_o) \ (ABS/CS_o)$	单位面积反应中心的数量，表示反应中心的密度
$PI_{ABS} = (RC/ABS) \ [\varphi_{Po}/ \ (1-\varphi_{Po})] \ [\psi_o/ \ (1-\psi_o)]$	以吸收光能为基础的性能指数
$PI_{CS} = (RC/CS_o) \ [\varphi_{Po}/ \ (1-\varphi_{Po})] \ [\psi_o/ \ (1-\psi_o)]$	以单位面积为基础的性能指数

4.1.7 统计分析

实验数据为三次重复实验所得数据的平均值。正态分布和方差齐性分析分别用 Shapiro-Wilks 检验和 Levene's 检验进行计算。用单因素方差分析（ANOVA）和 Tukey's HSD post-hoc 检验计算不同浓度处理组之间的显著性差异（$P<0.05$）。显著性差异使用 SPSS 13.0 分析。

4.2 实验结果

4.2.1 连苯三酚对铜绿微囊藻细胞完整性的影响

碘化丙啶（PI）是受损细胞或死细胞的指示者，当细胞受损或死亡后，PI 可穿透细胞膜染色 DNA，染色后的细胞在荧光显微镜下呈现红色（Ormerod，1990）。完整的细胞用 FDA 染色后荧光激发呈现绿色（Kováčik et al.，2015）。

首先，用激光共聚焦显微镜观察连苯三酚处理过的藻细胞的完整性。结果显示，对照组细胞被 FDA 染色发出绿色荧光（图 4.1 D），而处理组细胞有被 PI 染色呈现红色荧光的细胞（图 4.1 E）。用流式细胞仪测定受损或死亡细胞的数目，

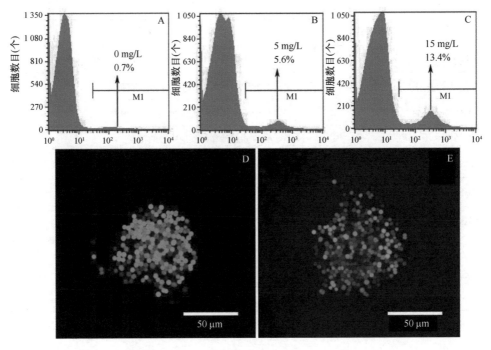

图 4.1 碘化丙啶（PI）染色铜绿微囊藻 TY001 的流式细胞直方图

注：M1 为受损细胞的比例。图中 A、B、C 分别为被不同浓度的连苯三酚处理后，铜绿微囊藻的健康细胞和受损细胞比例。D 和 E 为连苯三酚处理铜绿微囊藻 24 h 后，对照组和处理组藻细胞的荧光变化

结果显示，5 mg/L 连苯三酚处理铜绿微囊藻 TY001 24 h 后，受损或死亡细胞数目占细胞总数的 5.6%（图 4.1 B）。而 15 mg/L 连苯三酚处理铜绿微囊藻 TY001 后，受损或死亡细胞数目上升了 7.8%（图 4.1 C）。对照组细胞基本无受损或死亡的现象（图 4.1 A）。

4.2.2 连苯三酚对铜绿微囊藻生长的影响

连苯三酚胁迫 24 h 后，对铜绿微囊藻 TY001 细胞密度的影响变化显示（图 4.2 A），1 mg/L 浓度的连苯三酚对铜绿微囊藻影响不显著，但是随着处理浓度的上升，藻细胞密度呈显著下降趋势。叶绿素 a 含量的变化情况（图 4.2B）和 OD_{680} 相似，5 mg/L、10 mg/L、15 mg/L 和 20 mg/L 处理组的叶绿素 a 含量分别下降了 8.7%、12.3%、18.4%和 27.2%。

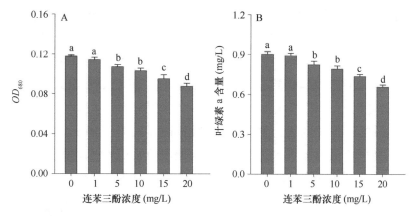

图 4.2　不同浓度连苯三酚处理 24 h 后，对铜绿微囊藻 TY001 的光密度

（OD_{680}）（A）和叶绿素 a（B）的影响

注：图中数据是三次重复实验的平均值。不同字母代表不同浓度连苯三酚处理后

具有显著性差异（$p<0.05$），后同

4.2.3　RNA 抽提结果

连苯三酚胁迫铜绿微囊藻 24 h 后，RNA 抽提结果见图 4.3。电泳图结果显示，本研究所用的 RNA 提取方法可以较好地提取铜绿微囊藻的 RNA。

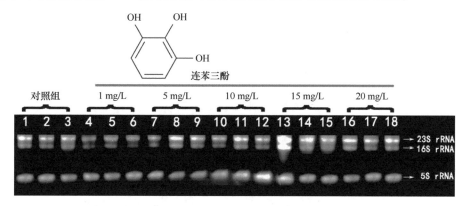

图 4.3　不同浓度的连苯三酚处理后提取的总 RNA 电泳图

4.2.4　连苯三酚对铜绿微囊藻光合作用相关基因表达的影响

环境胁迫可对浮游植物基因表达量产生一定的影响。连苯三酚胁迫铜绿微囊

藻 24 h 后，*psb*A（图 4.4A）、*psa*B（图 4.4B）和 *nbl*A（图 4.4C）基因表达量的结果显示，除 1 mg/L 处理组外，铜绿微囊藻的 *psb*A 和 *psa*B 基因表达量呈现上升趋势。5 mg/L、10 mg/L、15 mg/L 和 20 mg/L 处理组的 *psb*A 基因表达量分别是对照组的 1. 20 倍、1. 47 倍、1. 36 倍和 1. 67 倍，而 1 mg/L 处理组的基因表达量没有显著变化。

基因 *psa*B 和 *psb*A 的表达量变化趋势相同，5 mg/L、10 mg/L、15 mg/L 和 20 mg/L 处理组的 *psa*B 基因表达量分别是对照组的 6. 51 倍、7. 10 倍、4. 36 倍和 19. 95 倍，而 1 mg/L 处理组的基因表达量也没有显著性的变化。

出乎意料的是，*nbl*A 基因的表达量和两个光合作用相关基因的表达量趋势也相同，5 mg/L、10 mg/L、15 mg/L 和 20 mg/L 处理组的 *nbl*A 基因的表达量分别是对照组的 11. 28 倍、9. 64 倍、16. 20 倍和 27. 81 倍，而 1 mg/L 处理组的基因表达量有微弱的上升趋势，但是变化不显著。

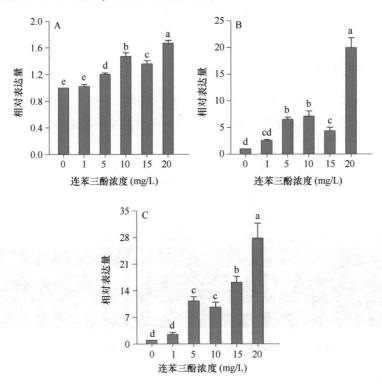

图 4.4　连苯三酚对 *psb*A（A）、*psa*B（B）和 *nbl*A（C）基因的影响

4.2.5 连苯三酚对铜绿微囊藻光系统Ⅱ的影响

连苯三酚胁迫铜绿微囊藻 24 h 后，快速荧光动力学诱导曲线显示（图 4.5），除 1 mg/L 处理组外，铜绿微囊藻的叶绿素荧光变化有一定的浓度依赖性。随着处理浓度的增大，J-P 段及 F_J 和 F_m 值有明显的下降趋势，特别是 15 mg/L 和 20 mg/L 这两个高浓度处理组，其与对照组相比，下降得非常大。此外，5 mg/L、10 mg/L、15 mg/L 和 20 mg/L 处理组的 F_o 值也有明显的下降，但是 1 mg/L 处理组的 F_o 值有一定的上升趋势。

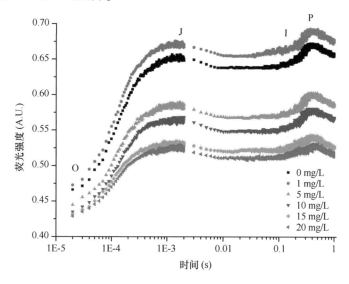

图 4.5 不同浓度的连苯三酚对铜绿微囊藻 TY001 快速荧光变化的影响

根据 O-J-I-P 曲线进行 JIP-测定，可推断出铜绿微囊藻 TY001 光系统Ⅱ中的电子传递、能量流动和光合作用效率等值（图 4.6）。随着连苯三酚浓度的增大，5 mg/L、10 mg/L、15 mg/L 和 20 mg/L 处理组的最大光化学效率（F_v/F_m）、捕获的激子将电子传递到电子传递链中超过 Q_A 的其他电子受体的概率（ψ_o）、用于电子传递的量子产额（φ_{Eo}）、单位面积反应中心的数量（RC/CS$_o$）、以单位面积为基础的性能指数（PI$_{CS}$）和以吸收光能为基础的性能指数（PI$_{ABS}$）数值有明显的下降趋势，而 1 mg/L 处理组的这六个参数没有显著变化。同时，和对照组相比，单位反应中心吸收的光能（ABS/RC）和单位反应中心耗散掉的能量（DI$_o$/RC）有明显的上升趋势，但是单位反应中心捕获的用于还原 Q_A 的能量

（TR_o/RC）和单位反应中心捕获的用于电子传递的能量（ET_o/RC）有下降趋势。同对照组相比，5 mg/L、10 mg/L、15 mg/L 和 20 mg/L 处理组的 M_o 值显著增大，但是 1 mg/L 处理组的这个参数没有显著变化。

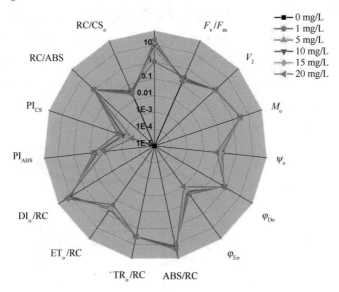

图 4.6　JIP-测定参数计算的雷达图

4.3　讨论

利用水生植物释放的化感物质控藻，成为控制水华现象的一种有潜力且效果好的方法（Gross and Gene，2009）。研究表明，不同水生植物释放的化感物质对藻类的抑制作用有一定的选择性（Bauer et al.，2009）。在已鉴定出的化感物质中，连苯三酚是对铜绿微囊藻抑制作用最强的化感物质之一（Nakai et al.，2000；Ni et al.，2012）。本研究在连苯三酚胁迫铜绿微囊藻 TY001 24 h 后，藻细胞密度同连苯三酚的处理浓度呈现正相关关系。这可能是连苯三酚破坏了铜绿微囊藻细胞的完整性，引起细胞膜受损，使细胞生长受到极大的抑制。叶绿素 a 是藻类光合作用中非常重要的捕光色素，在光合过程的捕获光能、光能传递及产物储存方面起着不可估量的作用（Wang et al.，2013）。在本研究中，随着化感物质连苯三酚浓度的增大，叶绿素 a 含量呈现下降的趋势。这可能是连苯三酚降低了铜绿微囊藻的光氧化能力造成的。

光合作用是浮游植物最重要的新陈代谢活动之一。藻类通过类囊体膜上的两个关键的蛋白复合体（光系统Ⅰ和光系统Ⅱ）把光能转化为化学能，完成正常的光合作用过程（Bi et al.，2014；Wan et al.，2015）。这两个蛋白复合体也是由基因控制合成的，其中 psaB 基因编码光系统Ⅰ中的基本原件 P700 叶绿素 a A2 载脂蛋白，psbA 基因编码光系统Ⅱ关键的反应中心亚基 D1 蛋白（Nixon et al.，1991；Qian et al.，2012）。Shao 等（2009）的研究表明，连苯三酚提高了铜绿微囊藻 PCC7806 的 psbA 基因的表达量。本研究发现，连苯三酚胁迫铜绿微囊藻 TY001 24 h 后，和对照组相比，psaB 和 psbA 基因的表达量明显上升。这可能是藻细胞感受到了连苯三酚的胁迫，提高了这两个关键基因的表达量，合成成熟的 P700 叶绿素 a A2 载脂蛋白和 D1 蛋白，并不断替换受损的蛋白来维持正常的光合作用能力。如果光合蛋白受损程度超过其合成能力，光合作用效率将会大大降低。还有一个与藻胆素降解相关的基因 nblA，它编码低分子量的藻胆素降解蛋白 NblA。在氮缺乏的条件下，它可降解蓝藻关键的捕光复合体和藻胆体，来维持正常的生理活动（Luque et al.，2001）。Lu 等（2014）的研究发现，中浓度的化感物质表没食子儿茶素没食子酸酯（EGCG）可明显提高铜绿微囊藻 PCC7806 的 nblA 基因的转录丰度。在本研究中，连苯三酚胁迫铜绿微囊藻 TY001 24 h 后，和对照组相比，nblA 基因的表达量明显上升，可能导致合成大量的藻胆素降解蛋白 NblA，从而降低藻细胞的光合作用效率。我们推测，这可能也是连苯三酚对铜绿微囊藻光抑制的另一机理。

为了证明这个推论，本研究测定了连苯三酚胁迫后的铜绿微囊藻的快速荧光动力学诱导曲线，并推导出叶绿素荧光参数值来反映化感作用对藻类光合作用的影响。环境胁迫如化感物质（Shao et al.，2013）、抗生素（Pan et al.，2009）和重金属（Appenroth et al.，2001）可明显改变浮游植物的光合作用叶绿素荧光参数。荧光变化的测定可评价光系统Ⅱ中光子、电子、激子和能量的变化（Appenroth et al.，2001）。本研究得到的快速荧光动力学诱导曲线显示，除 1 mg/L 处理组外，铜绿微囊藻的叶绿素荧光变化有一定的浓度依赖性，说明连苯三酚可能引起了蓝藻的毒物兴奋效应。随着处理浓度的增大，J-P 段及 F_J 和 F_m 值有明显的下降趋势，特别是 15 mg/L 和 20 mg/L 这两个高浓度处理组和对照组相比，下降得非常大。这表明光系统Ⅱ受体侧的电子转移受阻，导致 P_{680}^+ 的积累（Govindjee，1995）。5 mg/L、10 mg/L、15 mg/L 和 20 mg/L 处理组的 F_o 值有明显的下降，但是 1 mg/L 处理组的 F_o 值有一定的上升趋势。从这个结果可以看出，出现了更多的荧光猝灭中心，并且天线色素的结构也发生了改变（Murthy et al.，

1990；Pfündel，2003）。

根据 O-J-I-P 曲线进行 JIP-测定，可推断出在光合作用过程中，铜绿微囊藻 TY001 光系统 Ⅱ 中的电子传递，能量的吸收、转移和利用，光合效率等参数值。随着连苯三酚浓度的增大，5 mg/L、10 mg/L、15 mg/L 和 20 mg/L 处理组的最大光化学效率（F_v/F_m）、捕获的激子将电子传递到电子传递链中超过 Q_A 的其他电子受体的概率（ψ_o）、用于电子传递的量子产额（φ_{Eo}）、单位面积反应中心的数量（RC/CS_o）、以单位面积为基础的性能指数（PI_{CS}）和以吸收光能为基础的性能指数（PI_{ABS}）数值有明显的下降趋势，而 1 mg/L 处理组的这六个参数没有显著的变化。结果表明，连苯三酚胁迫阻断了光合作用电子传递链。V_J 的增大表明光系统 Ⅱ 中 J 阶段光反应中心关闭的部分和 Q_A 减少的量也在不断增加。单位反应中心吸收的光能（ABS/RC）的增大，导致单位反应中心耗散掉的能量（DI_o/RC）也有明显的上升趋势。这些数据表明，每个反应中心的捕光复合体（LHC_s）和失活的反应中心的数目也在增加（Eullaffroy et al.，2009）。同时，单位面积反应中心的数量（RC/CS_o）也在明显下降，进一步说明单位反应中心吸收的光能（ABS/RC）的增大导致反应中心失活，表明连苯三酚破坏了铜绿微囊藻 TY001 光系统 Ⅱ 的反应中心。用于热耗散的量子比率（φ_{Do}）就是用于非光化学去激发的最大量子产率。激发能通过非光化学去激发产生 ROS。连苯三酚导致 φ_{Do} 明显增加，也可能导致产生更多的 ROS，对细胞有极大的损害。表明连苯三酚对铜绿微囊藻 TY001 的氧化胁迫不仅来自连苯三酚的光氧化损伤，而且来自细胞内部产生大量 ROS 的破坏。

以上实验结果表明，随着连苯三酚浓度的不断增大，铜绿微囊藻 TY001 的细胞膜会损伤，导致光合抑制，甚至使致死细胞比例逐渐增加。

4.4 小结

本实验结果表明，连苯三酚同其他化感物质一样，对铜绿微囊藻有明显的抑制作用。首先，*nbl*A 基因表达量的上升可能引起 PBS 降解蛋白的增加，导致光合效率下降。其次，F_v/F_m、PI_{ABS} 和 PI_{CS} 等叶绿素荧光参数的显著降低，说明铜绿微囊藻完整的光合作用性能受到了破坏。这些结果综合表明，连苯三酚对铜绿微囊藻的光合抑制是极其重要的机理。连苯三酚可以明显抑制细胞生长甚至使细胞致死，是能有效控制和消除铜绿微囊藻水华的化感物质。今后需要探索更多的化感抑制机理，寻求更好的化感抑藻物质来控制我国甚至全球的有害蓝藻水华。

第五章　连苯三酚对铜绿微囊藻 TY001 的氧化损伤、基因表达和微囊藻毒素合成的影响

目前，利用化感物质控制有害藻类水华成为一种廉价、有效的控藻方法（Shao et al.，2013）。不同的沉水植物和挺水植物释放的多酚类化感物质可选择性地抑制蓝藻的生长（边归国等，2012；孔垂华等，2016）。在这些多酚类化感物质中，连苯三酚是对铜绿微囊藻抑制作用最强的化感物质之一（Nakai et al.，2000）。有研究表明，低浓度的连苯三酚可显著增加微囊藻毒素合成基因 *mcyB* 的表达量（Shao et al.，2009）。而较高剂量连苯三酚对铜绿微囊藻产毒素基因的表达量及毒素含量有何影响，当前尚未研究。因此，有必要探求更多目标基因的变化来阐明连苯三酚对铜绿微囊藻的抑制机理。

本章的主要研究目的是阐明较高剂量连苯三酚对铜绿微囊藻 TY001 的抑制机理，确定连苯三酚对铜绿微囊藻抑制甚至杀灭的最佳浓度。本研究共选定了 9 个目标基因来阐明抑藻机理，这些基因主要是抗氧化相关基因、合成 β-羟酰基载体蛋白脱水酶相关基因、细胞分裂相关基因及胁迫应答相关基因。同时，还测定了丙二醛（MDA）及不同的抗氧化酶的含量来进一步探明连苯三酚的抑藻机理。最后，测定了微囊藻毒素合成相关基因的表达量及微囊藻毒素含量的变化，旨在寻求一种环境友好型的控制水华的方法。

5.1　材料与方法

5.1.1　藻种培养及实验处理

具体步骤同第四章第 4.1.1 小节的方法。

5.1.2 铜绿微囊藻总蛋白含量、脂质过氧化物和抗氧化酶的测定

用于总蛋白含量、脂质过氧化物和抗氧化酶测定的前处理步骤如下。

（1）连苯三酚胁迫铜绿微囊藻24 h后，在超声波清洗机中超声2~3 min，取适量的藻细胞离心（8000 r/min，12 min，4℃）。

（2）弃上清液，沉淀物重悬于 1 mL PBS 缓冲液（50 mmol/L，pH 值7.4）中。

（3）超声细胞破碎仪破碎细胞（需冰浴），超声条件为：功率60 W；超声5 s，停3 s；共35个循环。

（4）冷冻离心机离心（10 380 r/min，10 min，4℃），上清液用于总蛋白含量、MDA、超氧化物歧化酶（SOD）、过氧化氢酶（CAT）和过氧化物酶（POD）的测定。

铜绿微囊藻 TY001 总蛋白含量、MDA、超氧化物歧化酶（SOD）、过氧化氢酶（CAT）和过氧化物酶（POD）的测定使用南京建成生物工程研究所生产的商业试剂盒（南京，中国），测定方法根据试剂盒中使用说明书的步骤进行。吸光度的测定使用多功能全自动酶标仪读取（Infinite M200 PRO，Tecan，瑞士）。所有的实验设置三组平行并读取数据。

5.1.3 微囊藻毒素的提取及含量的测定

取适量的被连苯三酚胁迫后的铜绿微囊藻细胞，在超声波清洗机中超声2~3 min；离心机8000 r/min，离心5 min；去上清液，加入少量的去离子水；沸水浴15 min，取出后迅速冰浴，然后10 000 r/min，离心10 min；上清液过0.45 μm的微孔滤膜，最后把含有微囊藻毒素的滤液用 Oasis HLB 固相萃取柱纯化（张杭君等，2005）。

微囊藻总毒素含量的测定采用酶联免疫吸附试剂盒（ELISA 试剂盒，Beacon Analytical Systems Inc，Maine，美国），按照试剂盒说明书进行测定。用自动多功能酶标仪读取吸光度，波长设置为 450 nm。每个实验设置三组平行，重复测定三次，取平均值。

5.1.4 RNA 的提取

RNA 提取的具体步骤同第四章第 4.1.4 小节的方法。

5.1.5　逆转录及 qRT-PCR

逆转录及 qRT-PCR 的具体步骤同第四章第 4.1.5 小节的方法。使用 qRT-PCR 研究 mRNA 的表达量，所用的引物序列见表 5.1。

表 5.1　用于 qRT-PCR 的引物序列

目标基因		引物序列	参考文献
16S rrn	F	5′-GGACGGGTGAGTAACGCGTA-3′	Shao 等（2009）
	R	5′-CCCATTGCGGAAAATTCCCC-3′	
recA	F	5′-TAGTTGACCAGTTAGTGCGTTCTT-3′	Shao 等（2009）
	R	5′-CACTTCAGGATTGCCGTAGGT-3′	
grpE	F	5′-CGCAAACGCACAGCCAAGGAA-3′	Shao 等（2009）
	R	5′-GTGAATACCCATCTCGCCATC-3′	
prx	F	5′-GCGAATTTAGCAGTATCAACACC-3′	Shao 等（2009）
	R	5′-GCGGTGCTGATTTCTTTTTTC-3′	
mcyB	F	5′-CCTACCGAGCGCTTGGG-3′	Kurmayer 和 Kutzenberger（2003）
	R	5′-GAAAATCCCCTAAAGATTCCTGAGT-3′	
mcyD	F	5′-ACCCGGAACGGTCATAAATTGG-3′	Zhang 等（2014）
	R	5′-CGGCTAATCTCTCCAAAACATTGC-3′	
ntcA	F	5′-GAGTCTATGAAGCGGGAGAGG-3′	Zhang 等（2014）
	R	5′-GGTCAGTAAGGATAGCACACCA-3′	
fabZ	F	5′-TGTTAATTGTGGAATCCATGG-3′	Shao 等（2009）
	R	5′-TTGCTTCCCCTTGCATTTT-3′	
gyrB	F	5′-TTACACGGAGTCGGGATTTC-3′	Honda 等（2014）
	R	5′-AAACCTCCGGAGAGGGTACT-3′	
ftsH	F	5′-CTTCCGATGATTTACAAAGGGCG-3′	Lu 等（2014）
	R	5′-AACGGCGGGGACTACCCTGATTA-3′	

5.1.6　统计分析

同第四章第 4.1.7 小节的统计学方法。

5.2 实验结果

5.2.1 连苯三酚对铜绿微囊藻总蛋白含量的影响

连苯三酚胁迫铜绿微囊藻 24 h 后，总蛋白含量变化显示，低浓度的连苯三酚（1 mg/L 和 5 mg/L）对蛋白含量的影响相对较小，分别下降了 20.54% 和 24.38%（$P< 0.05$）。但是 10 mg/L、15 mg/L 和 20 mg/L 三个较高浓度组对蛋白含量的影响相对较大（$P<0.05$），其中，20 mg/L 处理组和对照组相比，蛋白含量下降了 55.91%（图 5.1）。

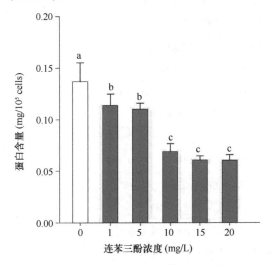

图 5.1　连苯三酚胁迫铜绿微囊藻 24 h 后，藻细胞内总蛋白含量的变化

注：图中显示的是三次重复实验的平均值。不同字母表示不同处理组之间具有显著性差异（$P< 0.05$）。后同

5.2.2 连苯三酚对铜绿微囊藻中 MDA 含量的影响

连苯三酚对铜绿微囊藻中 MDA 含量影响的结果显示，1 mg/L 处理组对 MDA 含量没有显著性影响，但是 5 mg/L、10 mg/L、15 mg/L 和 20 mg/L 处理组对铜绿微囊藻中 MDA 含量的影响较大（$P< 0.05$），其中，20 mg/L 处理组和对照组相比，MDA 含量上升了 442.86%（图 5.2）。

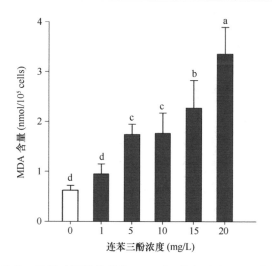

图 5.2 连苯三酚胁迫铜绿微囊藻 24 h 后，藻细胞内 MDA 含量的变化

5.2.3 连苯三酚对铜绿微囊藻抗氧化酶活性的影响

连苯三酚对铜绿微囊藻的 SOD、POD 和 CAT 含量的影响显示，SOD、POD 和 CAT 三个抗氧化酶的变化趋势相同。随着连苯三酚浓度的增加，三个抗氧化酶呈现逐渐上升的趋势。10 mg/L、15 mg/L 和 20 mg/L 三个较高浓度处理组中铜绿微囊藻的抗氧化酶含量上升尤其显著（$P<0.05$）。20 mg/L 处理组和对照组相比，三个酶的含量是对照组的 3 倍多（图 5.3）。

5.2.4 基于 SYBR Premix Ex Taq 的实时荧光定量 PCR

本研究使用基于 SYBR Premix Ex Taq 染料对铜绿微囊藻 TY001 的 *gyr*B、*rec*A、16S rRNA、*grp*E、*prx*、*fabZ*、*mcy*B、*mcy*D、*ntc*A 和 *fts*H 基因的实时荧光定量 PCR 方法。以这 10 个基因的梯度稀释样品为模板，建立相对定量的标准曲线，并以曲线反映出的数值来判断这些基因的扩增效率、重复性和定量的线性范围。

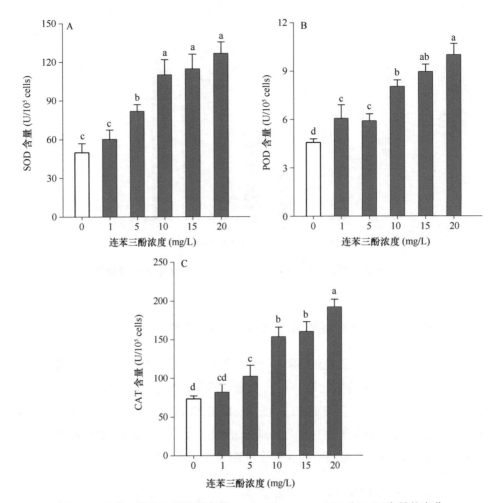

图 5.3　连苯三酚胁迫铜绿微囊藻 TY001 后，SOD、POD 和 CAT 含量的变化

5.2.5　连苯三酚胁迫对铜绿微囊藻 TY001 目标基因表达量的影响

5.2.5.1　连苯三酚对铜绿微囊藻氧化胁迫应答相关基因表达量的影响

连苯三酚胁迫铜绿微囊藻 24 h 后，*fab*Z 和 *fts*H 基因表达量的变化见图 5.4。从图 5.4A 中可以看出，1 mg/L 处理组没有显著提高 *fab*Z 基因的表达量，仅有微小的丰度变化。5 mg/L、10 mg/L 和 15 mg/L 处理组的 *fab*Z 基因表达量显著上升（$P < 0.05$），和对照组相比，分别提高了 10.46 倍、16.71 倍和 9.14 倍。

20 mg/L 处理组的 *fabZ* 基因表达量达到了对照组的 30.55 倍（$P<0.05$）。

从图 5.4B 中可以看出，5 mg/L、10 mg/L 和 15 mg/L 处理组的 *fts*H 基因表达量显著上升（$P<0.05$），和对照组相比，分别提高了 12.70 倍、14.43 倍和 7.71 倍。20 mg/L 处理组的 *fts*H 基因表达量达到了对照组的 29.42 倍（$P<0.05$）。但是，1 mg/L 处理组没有显著提高铜绿微囊藻中 *fts*H 基因的表达量，和对照组相比，仅有微小的丰度变化。

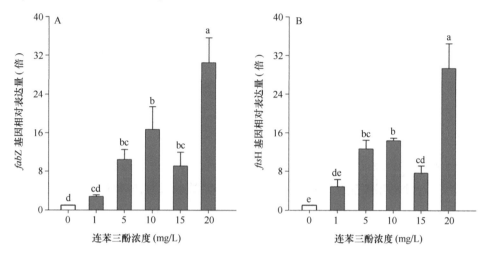

图 5.4　连苯三酚胁迫铜绿微囊藻 TY001 后，*fabZ* 和 *fts*H 基因表达量的变化

连苯三酚胁迫铜绿微囊藻 24 h 后，*grpE* 和 *prx* 基因表达量的变化见图 5.5。从图 5.5A 中可以看出，1 mg/L 和 5 mg/L 处理组没有显著提高 *grpE* 基因的表达量，仅有微小的丰度变化。但是，10 mg/L 和 15 mg/L 处理组的 *grpE* 基因表达量显著上升（$P<0.05$），和对照组相比，分别提高了 9.18 倍和 17.90 倍。20 mg/L 处理组的 *grpE* 基因表达量达到了对照组的 69.76 倍。

从图 5.5B 中可以看出，1 mg/L 和 5 mg/L 处理组没有显著提高 *prx* 基因的表达量，仅有微小的丰度变化。但是，10 mg/L 和 15 mg/L 浓度处理组的 *prx* 基因表达量显著上升（$P<0.05$），和对照组相比，分别提高了 11.27 倍和 18.17 倍。20 mg/L 处理组的 *prx* 基因表达量达到了对照组的 52.77 倍。

5.2.5.2　连苯三酚对铜绿微囊藻 DNA 合成和修复相关基因表达量的影响

连苯三酚胁迫铜绿微囊藻 24 h 后，*gyr*B 和 *rec*A 基因表达量的变化见图 5.6。

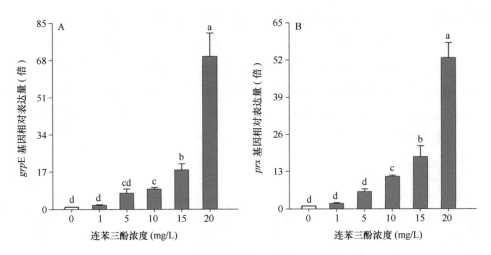

图 5.5　连苯三酚胁迫铜绿微囊藻 TY001 后，grpE 和 prx 基因表达量的变化

从图 5.6A 中可以看出，1 mg/L 和 5 mg/L 处理组没有显著提高 gyrB 基因的表达量，仅有微小的丰度变化。10 mg/L 和 15 mg/L 处理组的 gyrB 基因表达量显著上升（$P<0.05$），和对照组相比，分别提高了 7.86 倍和 10.07 倍。20 mg/L 处理组的 gyrB 基因表达量达到了对照组的 27.55 倍（$P<0.05$）。

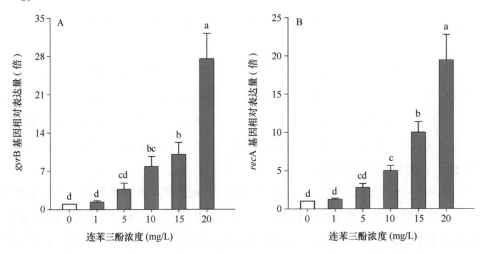

图 5.6　连苯三酚胁迫铜绿微囊藻 TY001 后，gyrB 和 recA 基因表达量的变化

从图 5.6B 中可以看出，连苯三酚浓度为 10 mg/L 和 15 mg/L 时，recA 基因表达量显著上升（$P<0.05$），和对照组相比，分别提高了 4.98 倍和 9.99 倍。

20 mg/L 处理组的 *rec*A 基因表达量达到了对照组的 19.43 倍（*P*<0.05）。但是，1 mg/L 和 5 mg/L 处理组没有显著提高 *rec*A 基因的表达量，和对照组相比，仅有微小的丰度变化。

5.2.5.3　连苯三酚对铜绿微囊藻毒素合成相关基因表达量的影响

连苯三酚胁迫铜绿微囊藻 24 h 后，*mcy*B 和 *mcy*D 基因表达量的变化见图 5.7。从图 5.7A 中可以看出，1 mg/L 和 5 mg/L 处理组没有显著提高 *mcy*B 基因的表达量，仅有微小的丰度变化。但是，10 mg/L 和 15 mg/L 处理组的 *mcy*B 基因表达量显著上升（*P*<0.05），和对照组相比，分别提高了 10.79 倍和 12.64 倍。20 mg/L 处理组的 *mcy*B 基因表达量达到了对照组的 31.65 倍。

从图 5.7 B 可以看出，1 mg/L 和 5 mg/L 处理组没有显著提高 *mcy*D 基因的表达量，仅有微小的丰度变化。10 mg/L 和 15 mg/L 处理组的 *mcy*D 基因表达量显著上升（*P* < 0.05），和对照组相比，分别提高了 14.32 倍和 11.60 倍。20 mg/L 处理组的 *mcy*D 基因表达量达到了对照组的 27.39 倍（*P* < 0.05）。

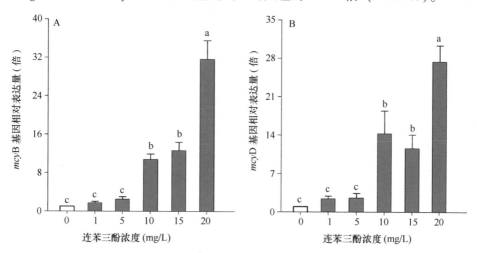

图 5.7　连苯三酚胁迫铜绿微囊藻 TY001 后，*mcy*B 和 *mcy*D 基因表达量的变化

连苯三酚胁迫铜绿微囊藻 24 h 后，*ntc*A 基因表达量的变化见图 5.8。从图 5.8 中可以看出，5 mg/L、10 mg/L 和 15 mg/L 处理组的 *ntc*A 基因表达量显著上升（*P*<0.05），和对照组相比，分别提高了 14.85 倍、8.21 倍和 7.95 倍。20 mg/L 处理组的 *ntc*A 基因表达量达到了对照组的 19.08 倍（*P*<0.05）。但是，1 mg/L 处理

组没有显著提高 *ntc*A 基因的表达量，和对照组相比，仅有微小的丰度变化。

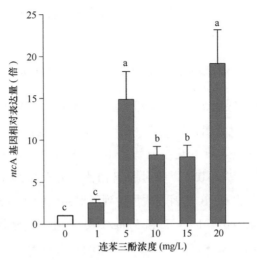

图 5.8　连苯三酚胁迫铜绿微囊藻 TY001 后，*ntc*A 基因表达量的变化

5.2.6　连苯三酚对铜绿微囊藻毒素含量的影响

连苯三酚胁迫铜绿微囊藻 24 h 后，微囊藻毒素含量变化见图 5.9。中低浓度的连苯三酚可少量提高微囊藻毒素的含量，但是不显著，其中，1 mg/L、5 mg/L 和 10 mg/L 处理组和对照组相比，微囊藻毒素含量分别上升了 5.06%、9.24% 和 11.08%。但是，高浓度组显著提高了微囊藻毒素的含量（$P < 0.05$），和对照组相比，15 mg/L 和 20 mg/L 处理组的微囊藻毒素含量分别上升了 29.01% 和 41.54%。

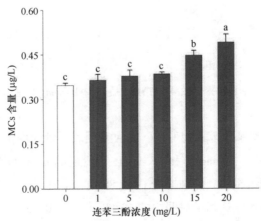

图 5.9　连苯三酚胁迫铜绿微囊藻 TY001 后，微囊藻毒素含量的变化

5.3　讨论

氧化损伤是多酚类物质对蓝藻化感作用的主要机制（Wang et al., 2011）。在环境胁迫条件下，细胞内的 ROS 水平明显提高，可能导致细胞损伤而引起细胞内的抵御和修复（Qian et al., 2009；Wan et al., 2015）。细胞内的三种酶（SOD、POD 和 CAT）是清除铜绿微囊藻细胞内 ROS 的主要酶类，其中，SOD 可催化超氧阴离子自由基发生歧化反应，变为 H_2O_2 和 O_2；CAT 可把 H_2O_2 转化为 H_2O 和 O_2，或者可以直接清除过氧化物酶体内的 H_2O_2（Blackhall et al., 2004）；POD 也可清除 H_2O_2，同时也是一种非常重要的活性酶（Zhang et al., 2015）。研究表明，氧化胁迫可提高抗氧化酶的活性。本研究发现，三种抗氧化酶的活性都有明显提高，表明连苯三酚对铜绿微囊藻 TY001 产生了氧化胁迫，导致藻细胞内发生了防御反应。这是藻类的一种抵御不良环境而开启保护自我的适应策略。同时，连苯三酚也提高了氧化胁迫应答相关基因的表达量（Shao et al., 2009；Wu et al., 2013）。基因 *prx* 编码过氧化物酶类（Prx），可帮助清除 H_2O_2、过氧亚硝基阴离子和各种有机过氧化物（Horling et al., 2003）。因此，要维持细胞内的氧化还原平衡，就要保护好氧生物免受强的氧化胁迫（Vidigal et al., 2015）。Shao 等（2009）研究表明，1 mg/L 浓度的连苯三酚可明显提高铜绿微囊藻 PCC7806 的 *prx* 基因的表达量。本研究发现，1 mg/L 和 5 mg/L 浓度的连苯三酚不能显著提高铜绿微囊藻 TY001 的 *prx* 基因的表达量。这可能是因为对于连苯三酚的胁迫，铜绿微囊藻 TY001 比 PCC7806 有更好的耐受性。基因 *fabZ* 编码一个脱水酶——β-羟脂酰载体脱氢酶，它能有效地催化短烃链和较长的饱和与不饱和烃链的脱水（Shao et al., 2009）。而铜绿微囊藻的细胞膜是由不饱和磷脂组成，它和氧化胁迫下的 *fabZ* 基因的表达量密切相关。在本研究中，连苯三酚胁迫明显提高了铜绿微囊藻 *fabZ* 基因的表达量，说明藻细胞膜受到了氧化损伤。另外，不饱和脂肪酸的过氧化物反应产生的非常重要的产物是 MDA，它是细胞氧化损伤的主要指示者（Sahu and Sabat, 2011）。因此，本研究也测定了连苯三酚胁迫下铜绿微囊藻 MDA 含量的变化，结果显示，随着连苯三酚浓度的增加，MDA 的含量也呈现显著增加的趋势，进一步说明了藻细胞受到了氧化损伤。基因 *ftsH* 编码 ATP 依赖的胞质金属蛋白酶 FtsH，它在维持细胞膜蛋白质量、热激反应和细胞分裂方面起着非常重要的作用（Gottesman, 2003；Ito and Akiyama, 2005；Akiyama, 2009；Langklotz et al., 2012）。有研究发现，植物多酚胁迫能略微提

高铜绿微囊藻 *fts*H 基因的表达量（Lu et al.，2014）。本研究发现，连苯三酚可显著提高 *fts*H 基因的表达量，尤其是 20 mg/L 浓度的连苯三酚。说明 *fts*H 基因表达量明显上升的原因是 FtsH 蛋白酶不断替换损伤或错误折叠的膜蛋白，来维持铜绿微囊藻 TY001 正常的细胞膜功能（Wagner et al.，2012）。基因 *grp*E 编码热激蛋白 GrpE，是 DnaK-DnaJ-GrpE 伴侣系统的一部分，可保护细胞在热胁迫条件下发生聚集（Kawasaki et al.，1990）。本研究中的连苯三酚明显提高了铜绿微囊藻 *grp*E 基因的表达量。以上这些重要的发现表明，氧化损伤是连苯三酚对铜绿微囊藻 TY001 非常重要的化感作用机理。

基因 *rec*A 编码高度保守的多功能蛋白 RecA，它是 DNA 损伤最早的 SOS 应答，在 DNA 修复中起着非常重要的作用（Chen et al.，2008）。Giliberti 等（2006）发现，DNA 在损伤的情况下，*rec*A 基因的表达量明显上升。基因 *gyr*B 编码 DNA 促旋酶的 β-亚基（Mizuuchi et al.，1978）。蓝藻噬菌体 Ma-LMM01 不能显著提高铜绿微囊藻 *rec*A 和 *gyr*B 基因的表达量（Honda et al.，2014）。而本研究中的连苯三酚可显著提高铜绿微囊藻 TY001 的 *rec*A 和 *gyr*B 基因的表达量，说明藻的 DNA 受到了一定的损伤，这也可能是连苯三酚胁迫下的又一抑制机理。

基因 *mcy*B 和 *mcy*D 合成不同蓝藻的微囊藻毒素配件，而 *ntc*A 基因是控制氮吸收的完整的转录激活因子。*mcy*B 和 *mcy*D 作为微囊藻毒素主要的合成基因，结合到 *mcy*A-J 基因簇的启动子区域（Alexova et al.，2011；Zhang et al.，2014）。许多研究表明，环境胁迫［如高光强（Kaebernick et al.，2000）和抗生素（Liu et al.，2015b）］可明显提高蓝藻 *mcy* 基因的表达量和藻毒素的合成。氮、磷等营养元素的胁迫也可明显提高 *mcy*D 和 *ntc*A 基因的表达量，并且微囊藻毒素含量也呈上升的趋势（Pimentel and Giani，2014）。有研究发现，一种广泛存在的污染物 γ-lindane 也可提高铜绿微囊藻 PCC7806 的 *mcy*D 和 *ntc*A 基因的表达量，同时微囊藻毒素含量也上升（Ceballos-Laita et al.，2015）。本研究发现，连苯三酚明显提高了铜绿微囊藻 TY001 的 *mcy*B、*mcy*D 和 *ntc*A 基因的表达量，并且 20 mg/L 处理组的这三个基因的表达量和对照组相比，分别提高了 31.65 倍、27.39 倍和 19.08 倍。这个结果也说明了 *mcy*B、*mcy*D 和 *ntc*A 基因的表达存在一种相互联系性。*mcy*B 和 *mcy*D 基因表达量的上升可能导致微囊藻毒素合成量的上升，而微囊藻毒素的合成又需要消耗氮，这可能导致 NtcA 蛋白吸收培养基中的氮来适应氮胁迫的影响，*ntc*A 基因的表达量就会上升。以上这些只是一个基本的推断，后续的研究中需要更加深入地探究原位水体中微囊藻毒素的合成机制和毒性动力学。

此外，15 mg/L 和 20 mg/L 处理组中微囊藻毒素含量明显提高。目前，利用化感物质控藻成为研究中的热点，而连苯三酚是对铜绿微囊藻抑制作用最强的化感物质之一。但是，连苯三酚抑制铜绿微囊藻水华时可显著提高微囊藻毒素合成量，因此，在使用连苯三酚控藻时，浓度要低于 10 mg/L，而 5 mg/L 的连苯三酚可显著抑制铜绿微囊藻的生长。综合以上结果表明，使用连苯三酚控制微囊藻水华时的最佳浓度为 5~10 mg/L。

5.4 小结

本研究结果表明，连苯三酚可明显提高铜绿微囊藻 TY001 的 *prx*、*fts*H、*grp*E、*fab*Z、*rec*A 和 *gyr*B 基因的表达量。同时，氧化胁迫引起三种抗氧化酶含量明显上升，脂质过氧化反应发生导致 MDA 含量上升。这些实验结果表明，连苯三酚对铜绿微囊藻 TY001 有明显的抑制作用，氧化损伤和 DNA 损伤是重要的致毒机理。更重要的是，微囊藻毒素合成基因 *mcy*B 和 *mcy*D 表达量及微囊藻毒素含量明显提高。之后的研究中，需要发现更多的化感物质和更加深入的抑藻机理来控制和消除有害蓝藻水华。

第六章　5，4′-二羟基黄酮(5，4′-DHF) 对铜绿微囊藻 TY001 的抑制作用及机理

随着水华现象不断被重视，目前，利用生物源物质控制有害藻类水华的方法也引起了全球的关注。水生植物和陆生植物含有大量的简单酚、多酚、胺类、有机酸、醌类、黄酮类、萜类、酯类、芳香族化合物和其他一些种类的活性物质（吴振斌，2016）。现提取、分离和鉴定出一些种类的生物源物质，可对淡水有害藻类产生抑制作用（高云霓，2010）。和酚酸类化合物相似，黄酮类化合物也广泛存在于植物体内，具有较强的生物活性，对细菌、病毒和海洋藻类有良好的抑制效果（Xiao et al.，2014；Huang et al.，2015）。但是，其对有害淡水藻类的抑制作用及机理的研究较少。因此，探索黄酮类化合物对水华藻类的抑制作用及机理具有非常重要的意义。

本章主要研究一种黄酮类化合物 5，4′-二羟基黄酮（5，4′-DHF）对铜绿微囊藻 TY001 的抑制作用及机理。研究共选了 6 个目标基因来阐明抑藻机理，这些基因主要是 DNA 合成和修复相关基因、细胞分裂相关基因及胁迫应答相关基因。同时，试验测定了丙二醛（MDA）及不同的抗氧化酶、超氧化物歧化酶（SOD）、过氧化物酶（POD）和过氧化氢酶（CAT）的含量。此外，试验还测定了光合作用相关基因的表达量及叶绿素荧光参数的变化，以此来探究 5，4′-DHF 的抑藻机理。

6.1　材料与方法

6.1.1　藻种培养及实验处理

铜绿微囊藻 TY001 分离自汾河太原河段水体，接种到含有 MA 培养基（Kasai et al.，2004）的 250 mL 无菌锥形瓶中，然后放到光照恒温培养箱中培

养。培养条件为：温度（25±1）℃，光照强度为 40 μmol/（m²·s）（光源为冷白灯管），光暗比 12∶12。锥形瓶每天摇两次，防止细胞聚集。

5，4′-DHF 购买于阿法埃莎化学有限公司（Alfa Aesar，上海，中国）。实验在 250 mL 的无菌锥形瓶中进行，先加入 189.8 mL 无菌的 MA 培养基和 10 mL 铜绿微囊藻 TY001 培养液，再加入 0.2 mL 不同浓度的 5，4′-DHF 溶液（5，4′-DHF 溶解于二甲基亚砜中），使 5，4′-DHF 的终浓度分别为 0.2 mg/L，0.4 mg/L，0.8 mg/L，1.2 mg/L，2.4 mg/L，对照组加入 0.2 mL 二甲基亚砜（DMSO），预实验发现低于 0.2%（V/V）的二甲基亚砜对铜绿微囊藻 TY001 的生长无影响。铜绿微囊藻 TY001 初始细胞密度值为 5.5×10^5 个/mL。每个处理设置三个重复，按照上述培养条件在光照恒温培养箱中连续培养 5 天。

6.1.2 5，4′-DHF 对铜绿微囊藻 TY001 生长的影响

用 5，4′-DHF 处理铜绿微囊藻 1 天、3 天和 5 天后，各个处理组分别取样一次，用藻类计数板在光学显微镜下计数藻细胞数量。

6.1.3 铜绿微囊藻脂质过氧化物和抗氧化酶的测定

用 5，4′-DHF 处理铜绿微囊藻 1 天、3 天和 5 天后，各个处理组分别取样一次。脂质过氧化物和抗氧化酶测定的具体实验步骤同第五章第 5.1.2 小节的实验方法。

6.1.4 细胞内活性氧（ROS）水平测定

铜绿微囊藻 TY001 细胞内活性氧水平的测定使用碧云天生物技术研究所生产的商业试剂盒（海门，中国）进行，测定方法根据试剂盒使用说明书进行。用自动多功能酶标仪（Infinite M200 PRO，Tecan，瑞士）读取荧光强度，激发波长设置为 488 nm，发射波长设置为 525 nm。每个处理组设置三个平行，重复测定三次取平均值。显微图像的拍摄使用激光共聚焦显微镜（LSM 880，Zeiss，德国）。

6.1.5 RNA 的提取

用 5，4′-DHF 处理铜绿微囊藻 1 天、3 天和 5 天后，各个处理组分别取样一次。RNA 提取的具体步骤同第四章第 4.1.4 小节的实验方法。

6.1.6 逆转录及 qRT-PCR

逆转录及 qRT-PCR 的具体步骤同第四章第 4.1.5 小节的实验方法。

6.1.7 5，4′-DHF 对铜绿微囊藻 TY001 光系统 II 的影响

5，4′-DHF 处理铜绿微囊藻 3 天后，测叶绿素荧光参数，具体方法同第四章第 4.1.6 小节的实验方法。

6.1.8 统计分析

同第四章第 4.1.7 小节统计学方法。

6.2 实验结果

6.2.1 5，4′-DHF 对铜绿微囊藻 TY001 生长和叶绿素 a 含量的影响

图 6.1A 为 5，4′-DHF 处理铜绿微囊藻 1 天、3 天和 5 天后，藻细胞密度的变化情况。从图中可以看出，5，4′-DHF 处理 1 天后，铜绿微囊藻的细胞密度有较小的变化。但是随着处理时间的增加，处理组的藻细胞密度和对照组相比，呈现显著的抑制趋势。处理 3 天和 5 天后，0.2 mg/L 处理组和对照组相比，藻细胞密度变化不大。但是，浓度达到和大于 0.4 mg/L 的处理组的藻细胞密度显著低于对照组（$P<0.05$）。3 天后，0.4 mg/L、0.8 mg/L、1.2 mg/L 和 2.4 mg/L 处理组对铜绿微囊藻生长的抑制率分别为 4.4%、6.5%、13.8% 和 15.9%。5 天后，这四个处理浓度的抑制率变大，分别为 52.0%、68.8%、86.5% 和 89.3%。

图 6.1B 为 5，4′-DHF 处理铜绿微囊藻 1 天、3 天和 5 天后，藻细胞中叶绿素 a 含量的变化。从图中可以看出，藻细胞叶绿素 a 和细胞密度的变化有相同的趋势。5，4′-DHF 处理 1 天后，铜绿微囊藻的叶绿素 a 的含量有较小的变化，差异不显著。但是随着处理时间的增加，藻细胞叶绿素 a 含量和对照组相比，呈现显著下降趋势（$P<0.05$）。处理 3 天和 5 天后，浓度大于 0.4 mg/L 的处理组的叶绿素 a 含量显著低于对照组（$P<0.05$）。其结果和细胞密度抑制率相似。

6.2.2 5，4′-DHF 对铜绿微囊藻细胞内 ROS 水平的影响

5，4′-DHF 明显影响 TY001 细胞内的 ROS 水平（图 6.2 和图 6.3）。如

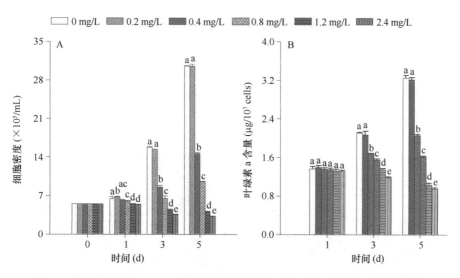

图 6.1 不同浓度的 5，4′-DHF 对铜绿微囊藻细胞密度和叶绿素 a 含量的影响

注：图中显示的是三次重复实验的平均值。不同字母表示不同处理组之间具有显著性差异（$P<0.05$）。后同

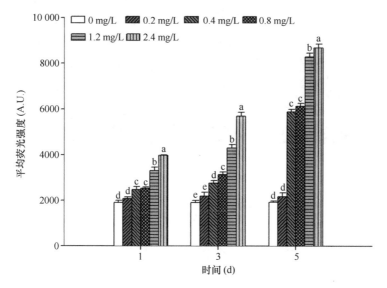

图 6.2 不同浓度的 5，4′-DHF 处理铜绿微囊藻后，藻细胞内 ROS 荧光强度的变化

图 6.2所示，1 天、3 天、5 天后的 ROS 水平变化与 5，4′-DHF 的浓度有一定的依赖性，即随着浓度的增大，细胞内 ROS 水平也逐渐增加。其中，0.2 mg/L 处

理组和对照组相比，藻细胞内 ROS 水平有一定的增加，但并不显著（$P>0.05$）。1.2 mg/L 和 2.4 mg/L 处理组的 ROS 荧光强度分别是对照组的 1.73 倍和 2.10 倍。而 5，4′-DHF 处理 5 天后，藻细胞内的 ROS 水平迅速上升，1.2 mg/L 和 2.4 mg/L 处理组的 ROS 荧光强度分别是对照组的 4.29 倍和 4.49 倍。由此可见，ROS 水平变化也有一定的时间依赖性。从图 6.3 可直观看出，随着处理浓度和处理时间的增加，细胞内的 ROS 水平呈明显上升趋势。

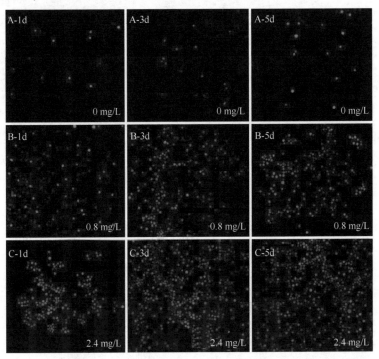

图 6.3　5，4′-DHF 对铜绿微囊藻细胞内 ROS 水平的影响

6.2.3　5，4′-DHF 对铜绿微囊藻内 MDA 含量和抗氧化酶活性的影响

图 6.4A 为 5，4′-DHF 对铜绿微囊藻脂质过氧化物 MDA 含量的影响。从图中可以看出，5，4′-DHF 处理铜绿微囊藻 1 天后，0.2 mg/L、0.4 mg/L 和 0.8 mg/L 处理组和对照组相比，细胞内的 MDA 含量没有显著的变化（$P>0.05$）。但是，1.2 mg/L 和 2.4 mg/L 处理组对铜绿微囊藻 MDA 含量的影响较大（$P<0.05$），最高浓度组和对照组相比，上升了 47.97%。5，4′-DHF 处理铜绿微囊藻 3 天后，0.2 mg/L 处理组和对照组相比，细胞内的 MDA 含量没有显著的变化

（$P>0.05$）。0.4 mg/L 和 0.8 mg/L 处理组和对照组相比，细胞内的 MDA 含量开始有显著性变化（$P<0.05$），分别上升了 21.88% 和 51.88%。而 1.2 mg/L 和 2.4 mg/L 处理组和对照组相比，细胞内的 MDA 含量分别上升了 88.12% 和 108.75%。5, 4'-DHF 处理铜绿微囊藻 5 天后，除 0.2 mg/L 处理组外，0.4 mg/L、0.8 mg/L、1.2 mg/L 和 2.4 mg/L 处理组和对照组相比，细胞内的 MDA 含量均有显著变化（$P<0.05$），且分别上升了 77.85%、128.48%、196.20% 和 232.28%。由此可见，MDA 含量呈现出一定的浓度和时间依赖性。

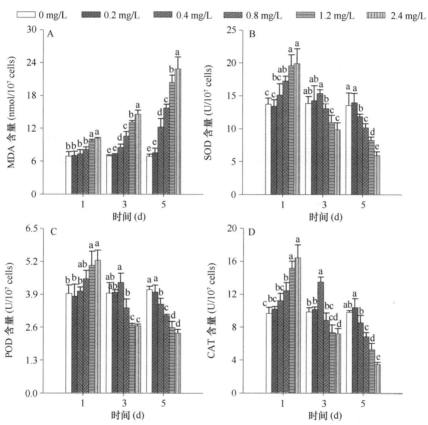

图 6.4 不同浓度的 5, 4'-DHF 对铜绿微囊藻 MDA，SOD，POD 和 CAT 含量的影响

5, 4'-DHF 对铜绿微囊藻超氧化物歧化酶（SOD）、过氧化物酶（POD）和过氧化氢酶（CAT）含量的影响趋势相似（图 6.4B—图 6.4D）。5, 4'-DHF 处理 1 天后，随着处理浓度的增加，3 种抗氧化酶呈现逐渐上升的趋势，尤其是 1.2 mg/L 和 2.4 mg/L 两个高浓度处理组的抗氧化酶上升最显著（$P<0.05$）。

5，4′-DHF处理铜绿微囊藻1天后，0.2 mg/L和0.4 mg/L处理组和对照组相比，细胞内的SOD含量没有显著性变化。但是，1.2 mg/L和2.4 mg/L处理组对铜绿微囊藻SOD含量的影响较大（$P< 0.05$），SOD含量分别是对照组的1.43倍和1.45倍。5，4′-DHF处理铜绿微囊藻3天后，0.2 mg/L处理组和对照组相比，细胞内的SOD含量也没有显著性的变化。0.4 mg/L处理组和对照组相比，细胞内的SOD含量显著性上升（$P<0.05$），SOD含量是对照组的1.11倍。而0.8 mg/L、1.2 mg/L和2.4 mg/L处理组和对照组相比，细胞内的SOD含量开始下降，分别下降了5.74%、20.94%和28.82%。5，4′-DHF处理铜绿微囊藻5天后，除0.2 mg/L处理组外，0.4 mg/L、0.8 mg/L、1.2 mg/L和2.4 mg/L处理组和对照组相比，细胞内的SOD含量显著性下降（$P< 0.05$），且分别下降了12.74%、25.21%、39.29%和56.12%。

5，4′-DHF处理铜绿微囊藻1天后，0.2 mg/L、0.4 mg/L和0.8 mg/L处理组和对照组相比，细胞内的POD含量没有显著性变化。但是，高浓度处理组对铜绿微囊藻POD含量的影响较大（$P< 0.05$）。5，4′-DHF处理铜绿微囊藻3天后，0.2 mg/L处理组和对照组相比，细胞内的POD含量也没有显著性变化。0.4 mg/L处理组和对照组相比，细胞内的POD含量有显著性上升（$P<0.05$），POD含量是对照组的1.11倍。而0.8 mg/L、1.2 mg/L和2.4 mg/L处理组和对照组相比，细胞内的POD含量开始下降，分别下降了14.65%、31.84%和32.70%（$P< 0.05$）。5，4′-DHF处理铜绿微囊藻5天后，除0.2 mg/L处理组外，0.4 mg/L、0.8 mg/L、1.2 mg/L和2.4 mg/L处理组和对照组相比，细胞内的POD含量显著下降（$P< 0.05$），且分别下降了13.78%、25.01%、36.37%和41.84%。

5，4′-DHF处理铜绿微囊藻1天后，0.2 mg/L和0.4 mg/L处理组和对照组相比，细胞内的CAT含量没有显著性变化。但是，高浓度处理组对铜绿微囊藻CAT含量的影响较大（$P< 0.05$）。5，4′-DHF处理铜绿微囊藻3天后，0.2 mg/L处理组和对照组相比，细胞内的CAT含量没有显著性的变化。0.4 mg/L处理组和对照组相比，细胞内的CAT含量显著上升（$P<0.05$），CAT含量是对照组的1.37倍。而0.8 mg/L、1.2 mg/L和2.4 mg/L的处理组和对照组相比，细胞内的CAT含量开始下降，分别下降了10.35%、25.34%和27.24%。5，4′-DHF处理铜绿微囊藻5天后，除0.2 mg/L处理组外，0.4 mg/L、0.8 mg/L、1.2 mg/L和2.4 mg/L处理组和对照组相比，细胞内的CAT含量显著下降（$P< 0.05$），且

分别下降了 12.83%、29.97%、46.22% 和 64.80%。

6.2.4 5,4′-DHF 胁迫对铜绿微囊藻 TY001 目标基因表达量的影响

6.2.4.1 5,4′-DHF 对铜绿微囊藻氧化胁迫应答相关基因表达量的影响

环境胁迫可对浮游植物基因表达量产生一定的影响。本研究中，5,4′-DHF 处理铜绿微囊藻 1 天、3 天和 5 天后，其对氧化胁迫应答相关基因 prx 和 fabZ 表达量的影响见图 6.5。5,4′-DHF 处理铜绿微囊藻 1 天后，各处理组和对照组相比，prx 基因的表达量有显著上升趋势（$P<0.05$）。最高浓度处理组 prx 基因的表达量是对照组的 4.10 倍。5,4′-DHF 处理铜绿微囊藻 3 天后，0.2 mg/L、0.4 mg/L 和 0.8 mg/L 处理组和对照组相比，prx 基因的表达量也有显著性上升（$P<0.05$）。但是，1.2 mg/L 和 2.4 mg/L 处理组和对照组相比，prx 基因的表达量显著下降。5,4′-DHF 处理铜绿微囊藻 5 天后，除 0.2 mg/L 处理组外，0.4 mg/L、0.8 mg/L、1.2 mg/L 和 2.4 mg/L 处理组和对照组相比，prx 基因的表达量显著下降（$P<0.05$）。

5,4′-DHF 处理铜绿微囊藻 1 天后，各处理组和对照组相比，fabZ 基因的表达量有显著上升趋势（$P<0.05$）（图 6.5）。5,4′-DHF 处理铜绿微囊藻 3 天后，0.2 mg/L、0.4 mg/L 处理组和对照组相比，fabZ 基因的表达量也有显著上升（$P<0.05$）。但是，0.8 mg/L、1.2 mg/L 和 2.4 mg/L 处理组和对照组相比，fabZ 基因的表达量显著下降（$P<0.05$）。5,4′-DHF 处理铜绿微囊藻 5 天后，除 0.2 mg/L 处理组外，0.4 mg/L、0.8 mg/L、1.2 mg/L 和 2.4 mg/L 处理组和对照组相比，fabZ 基因的表达量显著下降（$P<0.05$）。

6.2.4.2 5,4′-DHF 对铜绿微囊藻光合作用相关基因表达量的影响

5,4′-DHF 处理铜绿微囊藻 1 天后，除 0.2 mg/L 处理组外，其他处理组和对照组相比，铜绿微囊藻光合作用相关基因 psbA 的表达量有显著上升趋势（$P<0.05$）（图 6.5）。高浓度处理组（1.2 mg/L 和 2.4 mg/L）psbA 基因的表达量分别是对照组的 3.13 倍和 3.39 倍。5,4′-DHF 处理铜绿微囊藻 3 天后，0.2 mg/L 和 0.4 mg/L 处理组和对照组相比，psbA 基因的表达量也有显著上升（$P<0.05$）。但是，0.8 mg/L、1.2 mg/L 和 2.4 mg/L 处理组和对照组相比，psbA 基因的表达量显著下降（$P<0.05$）。5,4′-DHF 处理铜绿微囊藻 5 天后，除 0.2 mg/L 处理组

外，0.4 mg/L、0.8 mg/L、1.2 mg/L 和 2.4 mg/L 处理组和对照组相比，*psb*A 基因的表达量显著下降（$P<0.05$）。*psa*B 基因的表达量趋势和基因 *psb*A 相似。

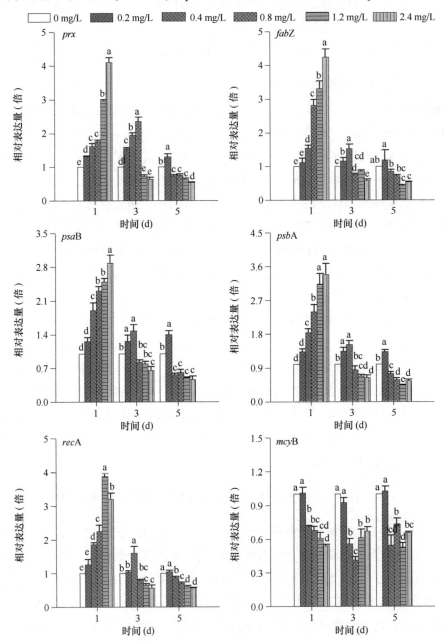

图 6.5　不同浓度的 5, 4′-DHF 对铜绿微囊藻 *prx*、*fabZ*、*psa*B、*psb*A、*rec*A 和 *mcy*B 基因表达量的影响

6.2.4.3　5,4′-DHF 对铜绿微囊藻 DNA 修复相关基因表达量的影响

5,4′-DHF 处理铜绿微囊藻 1 天后，各浓度处理组和对照组相比，铜绿微囊藻 DNA 修复相关基因 recA 的表达量有显著上升趋势（$P<0.05$）（图 6.5）。高浓度处理组（1.2 mg/L 和 2.4 mg/L）recA 基因的表达量分别是对照组的 3.87 和 3.19 倍。5,4′-DHF 处理铜绿微囊藻 3 天后，0.4 mg/L 处理组和对照组相比，recA 基因的表达量也显著上升（$P<0.05$）。但是，0.8 mg/L、1.2 mg/L 和 2.4 mg/L 处理组和对照组相比，recA 基因的表达量却显著下降（$P<0.05$）。5,4′-DHF 处理铜绿微囊藻 5 天后，除 0.2 mg/L 处理组外，0.4 mg/L、0.8 mg/L、1.2 mg/L 和 2.4 mg/L 处理组和对照组相比，recA 基因的表达量显著下降（$P<0.05$）。

6.2.4.4　5,4′-DHF 对铜绿微囊藻毒素合成相关基因表达量的影响

5,4′-DHF 处理铜绿微囊藻 1 天后，除 0.2 mg/L 处理组外，其他处理组和对照组相比，铜绿微囊藻毒素合成相关基因 mcyB 的表达量有显著下降趋势（$P<0.05$）（图 6.5）。5,4′-DHF 浓度为 0.2 mg/L 时，mcyB 基因的表达量和对照组相比，没有显著性变化。5,4′-DHF 处理铜绿微囊藻 3 天和 5 天后，除 0.2 mg/L 处理组外，0.4 mg/L、0.8 mg/L、1.2 mg/L 和 2.4 mg/L 处理组和对照组相比，mcyB 基因的表达量显著下降（$P<0.05$）。

6.2.5　5,4′-DHF 对铜绿微囊藻 TY001 光系统 II 的影响

不同浓度的 5,4′-DHF 处理铜绿微囊藻 3 天后，根据 O-J-I-P 曲线进行 JIP-测定，可推断出铜绿微囊藻 TY001 光系统 II 中的电子传递、能量流动和光合作用效率等值。由图 6.6 可见，0.4 mg/L、0.8 mg/L、1.2 mg/L 和 2.4 mg/L 处理组的最大光化学效率（F_v/F_m）和对照组相比，有明显的下降趋势，分别下降了 38.01%、46.99%、59.98% 和 69.61%。用于电子传递的量子产额（φ_{Eo}）、捕获的激子将电子传递到电子传递链中超过 Q_A 的其他电子受体的概率（ψ_o）、单位面积反应中心（RC/CS_o）的数量、以单位面积为基础的性能指数（PI_{CS}）和以吸收光能为基础的性能指数（PI_{ABS}）数值有明显的下降趋势，但是用于热耗散的量子比率（φ_{Do}）明显上升，分别上升了 1.19 倍、1.34 倍、2.08 倍和 2.50 倍。但是，最低浓度处理组 0.2 mg/L 的这 6 个参数没有显著变化。

和对照组相比，0.4 mg/L、0.8 mg/L、1.2 mg/L 和 2.4 mg/L 处理组的单位反应中心耗散掉的能量（DI_o/RC）和单位反应中心吸收的光能（ABS/RC）有明显的上升趋势，但是单位反应中心捕获的用于还原 Q_A 的能量（TR_o/RC）和单位反应中心捕获的用于电子传递的能量（ET_o/RC）有下降趋势。

同对照组相比，0.4 mg/L、0.8 mg/L、1.2 mg/L 和 2.4 mg/L 处理组的 Q_A 被还原的最大速率 Mo 值显著增大，但是 0.2 mg/L 处理组的这个参数没有显著变化。

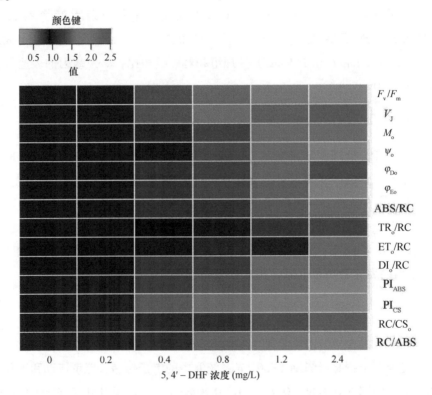

图 6.6　不同处理组的叶绿素荧光参数变化相对于对照组的百分比

6.3　讨论

全球淡水生态系统的富营养化引起的有害蓝藻水华带来了一系列水环境问题，因此，维持正常的水生态健康和水供应成为一个举世瞩目的科学问题。目前，利用水生植物生物源物质控藻是一种有潜力且效果好的方法（Gross and

Gene，2009）。从水生植物和陆生植物中可提取、分离和鉴定出多种对淡水藻类起抑制或促进作用的活性物质，包括简单酚和多酚、胺类、有机酸、醌类、黄酮类、萜类、酯类、芳香族化合物和其他一些种类。但是，有关多酚类化合物中的黄酮类化合物对淡水蓝藻化感作用的研究甚少。同时，有研究表明，不同的水生植物释放的化感物质对藻类的抑制作用有一定的选择性（Bauer et al.，2009）。在本研究中，黄酮类化合物 5，4'-DHF 处理铜绿微囊藻 1 天、3 天和 5 天后，可明显抑制铜绿微囊藻 TY001 的生长，藻细胞密度同 5，4'-DHF 的处理浓度呈现正相关关系。这可能是在 5，4'-DHF 胁迫下，铜绿微囊藻细胞的完整性被破坏，引起细胞膜受损，细胞生长受到了极大的抑制。

光合作用是植物（藻类）把无机物转化为有机物的生化过程，是植物最重要的新陈代谢活动之一。而叶绿素 a 是藻类光合作用中非常重要的捕光色素，在光合过程的光能捕获、光能传递及产物储存中起着不可估量的作用（Wang et al.，2013）。在本研究中，5，4'-DHF 处理铜绿微囊藻 3 天和 5 天后，5，4'-DHF 浓度高的处理组中，叶绿素 a 含量有下降的趋势。这可能是 5，4'-DHF 降低了铜绿微囊藻的光氧化能力造成的。藻类通过类囊体膜上的两个关键的蛋白复合体（光系统 I 和光系统 II）把光能转化为化学能，完成正常的光合作用过程（Bi et al.，2014；Wan et al.，2015）。这两个蛋白复合体也是由基因控制合成的，其中 $psbA$ 基因编码光系统 II 关键的反应中心亚基 D1 蛋白，而 $psaB$ 基因编码光系统 I 中的基本原件 P700 叶绿素 a A2 载脂蛋白（Nixon et al.，1991；Qian et al.，2012）。Shao 等（2009）的研究表明，化感物质连苯三酚可提高铜绿微囊藻 PCC7806 中 $psbA$ 基因的表达量。在本研究中，5，4'-DHF 处理铜绿微囊藻 1 天后，和对照组相比，$psbA$ 基因的表达量明显上升。这可能是藻细胞已经感受到了 5，4'-DHF 的胁迫，通过提高这个关键基因的表达量，合成成熟的光系统 II D1 蛋白，并不断替换受损的蛋白来维持正常的光合作用能力。但是，如果光合蛋白受损程度超过其合成能力，光合作用效率会大大降低。本研究中，5，4'-DHF 处理铜绿微囊藻 3 天和 5 天后，$psbA$ 基因的表达量明显下降，说明光系统可能受到了极大的损伤，电子传递阻断，光合效率降低。为了证明这个推测，本研究又测定了叶绿素荧光参数变化值，根据这些值的变化可推断出光合作用过程中光系统 II 中电子传递，能量的吸收、转移和利用，光合效率等。随着 5，4'-DHF 浓度的增大，除 0.2 mg/L 处理组的 F_v/F_m、ψo、φ_{Eo}、PI_{CS} 和 PI_{ABS} 数值无显著变化外，其他几个处理组的这 6 个参数均有明显的下降趋势，表明 5，4'-DHF 胁迫阻断了铜绿微囊藻 TY001 光合作用中的电子传递链。V_J 的增大表明光系统 II 中 J 阶段光反应中心关闭的部分和 Q_A 减少的量也在不断增加。ABS/RC 的增大导致 DI_o/RC 也有明显的上升趋势，这些数据表明，每个反应中心的捕光复合体（LHCs）和失活的反应中心的数目也在增加。同时，RC/CS_o 的数量也在明显下降，进一步说明了 ABS/RC 的增大导致了反应中心的失活，表明 5，4′-DHF 胁迫破坏了铜绿微囊藻 TY001 光系统 II 的反应中心。φ_{Do} 就是用光化学去激发的最大量子产率。激发能通过非光化学的去激发将引起 ROS 的产生，破坏 TY001 细胞渗透平衡，最终可能导致细胞死亡。Huang 等（2015）的研究也表明，5，4′-DHF 降低了铜绿微囊藻的光合作用效率。这可能也是 5，4′-DHF 对铜绿微囊藻 TY001 光抑制的一个机理。

氧化损伤是多酚类物质对蓝藻化感作用的主要机制（Wang et al.，2011）。在本研究中，5，4′-DHF 处理铜绿微囊藻 1 天、3 天和 5 天后，细胞内的 ROS 水平明显升高。5，4′-DHF 处理铜绿微囊藻 1 天后，三种抗氧化酶的活性都大大提高，表明 5，4′-DHF 对铜绿微囊藻 TY001 产生了氧化胁迫，导致藻细胞内发生了防御反应。这是藻类的一种抵御不良环境、保护自我的适应策略。但是，5，4′-DHF 处理 3 天和 5 天后，细胞内的 ROS 水平继续增加，而三种抗氧化酶的含量却大大降低，说明随着胁迫时间的增长，5，4′-DHF 损害了抗氧化酶系统，打破了细胞平衡，影响细胞增长。同时，5，4′-DHF 胁迫铜绿微囊藻 1 天后，也提高了氧化胁迫应答相关基因的表达量（Wu et al.，2013；Shao et al.，2009）。prx 基因编码过氧化物酶类（Prx），可帮助清除 H_2O_2、过氧亚硝基阴离子和各种有机过氧化物（Horling et al.，2003）。因此，要维持细胞内的氧化还原平衡，保护好氧生物免受强的氧化胁迫（Vidigal et al.，2015）。Zhao 等（2015）的研究表明，喹唑啉类生物碱可明显提高铜绿微囊藻 HAB5100 的 prx 基因的表达量。本研究发现，5，4′-DHF 处理 1 天后，prx 基因的表达量明显上升，维持细胞的氧化还原平衡。但是，胁迫处理 3 天和 5 天后，prx 基因的表达量明显下降，细胞受到氧化胁迫不可恢复，从而影响细胞的正常生长。铜绿微囊藻的细胞膜是由不饱和磷脂组成，它和氧化胁迫下的 fabZ 基因的表达量密切相关。在本研究中，5，4′-DHF 处理 1 天后，胁迫作用明显提高了铜绿微囊藻 fabZ 基因的表达量，说明藻细胞膜受到了氧化损伤。而 5，4′-DHF 处理 3 天和 5 天后，铜绿微囊藻 fabZ 基因的表达量明显下降，细胞膜受损伤程度可能增大，不能发挥正常的功能。另外，MDA 是细胞氧化损伤的主要指示者（Sahu and Sabat，2011）。因此，本研究也测定了 5，4′-DHF 胁迫下铜绿微囊藻中 MDA 含量的变化。结果显示，随着处理浓度的增加，MDA 含量也呈现显著增加的趋势，进一步说明了铜绿微囊藻 TY001 细胞受到了极大的氧化损伤。以上这些重要的发现表明，氧化损伤是 5，4′-DHF 对铜绿微囊藻 TY001 非常重要的化感作用机理。

*rec*A 基因编码高度保守的多功能蛋白 RecA，它是 DNA 损伤最早的 SOS 应答，在 DNA 修复中起着非常重要的作用（Chen et al.，2008）。Giliberti 等（2006）发现，DNA 损伤的情况下，*rec*A 基因的表达量明显上升。蓝藻噬菌体 Ma-LMM01 不能显著提高铜绿微囊藻 *rec*A 和 *gyr*B 基因的表达量（Honda et al.，2014）。本研究发现，5，4′-DHF 处理 1 天后，胁迫作用可显著提高铜绿微囊藻 TY001 的 *rec*A 基因的表达量，说明藻的 DNA 受到了一定的损伤，*rec*A 基因通过表达来修复损伤的 DNA。但是，5，4′-DHF 处理铜绿微囊藻 3 天和 5 天后，*rec*A 基因的表达量又明显下降，表明 DNA 可能受到了较大的损伤。这也可能是 5，4′-DHF 胁迫下的又一抑制机理。

*mcy*B 基因作为微囊藻毒素主要的合成基因，可合成不同蓝藻的微囊藻毒素配件，结合到 *mcy*A-J 基因簇的启动子区域（Alexova et al.，2011；Zhang et al.，2014）。许多研究表明，环境胁迫［如高光强（Kaebernick et al.，2000）和抗生素（Liu Y, Zhang J and Gao B Y, 2015b）］可明显提高蓝藻 *mcy* 基因的表达量和藻毒素的合成。本研究中，5，4′-DHF 处理 1 天、3 天和 5 天后，铜绿微囊藻 TY001 的 *mcy*B 基因的表达量明显降低，可能会使微囊藻毒素的合成量也大大降低。说明使用生物源物质 5，4′-DHF 控制铜绿微囊藻水华时，不会引起微囊藻毒素的增加，降低了微囊藻毒素引起的健康风险。

6.4 小结

本章研究了 5，4′-DHF 对铜绿微囊藻 TY001 的化感抑制作用及机理。结果表明，5，4′-DHF 对铜绿微囊藻 TY001 有明显的抑制作用。5，4′-DHF 胁迫可明显提高细胞内的 ROS 水平，同时，*prx* 基因和抗氧化酶的含量也明显上升。但是随着处理时间的增长，*prx* 基因的表达量明显下降，抗氧化酶系统受到损伤，而 ROS 水平持续增高，抗氧化酶不能清除过量的 ROS，导致细胞生理平衡受到破坏，引起脂质过氧化反应和 MDA 含量增加；*fab*Z 基因的表达量也明显下降，细胞膜也受到了极大的损伤。在 5，4′-DHF 胁迫下，*rec*A 基因的表达量明显下降，可能是由于铜绿微囊藻 TY001 的 DNA 受到了损伤。5，4′-DHF 降低了 *psb*A 基因的表达量，光合作用中的电子传递和能量转移受到破坏，光合效率大大降低。5，4′-DHF没有提高微囊藻毒素合成基因 mcyB 基因的表达量，可能会让微囊藻毒素的合成量大大降低。以上结果表明，光合抑制、氧化损伤和 DNA 损伤是5，4′-DHF对铜绿微囊藻抑制的主要机理。因此，5，4′-DHF 是一种环境友好且抑藻效率高的化感物质，可应用于控制铜绿微囊藻水华。

第七章 原阿片碱对铜绿微囊藻化感抑制作用研究

为了生态系统的稳定和人类的生命健康，研究人员开发和应用了多种有效措施来控制有害藻华的发生。近年来，生物防治方法引起了世界范围内的广泛关注，生物源活性物质对有害藻华具有更加显著的抑制作用（Lu et al.，2014；Wu et al.，2018；Zhao et al.，2019）。在已报道的生物源活性物质中，水生和陆生植物释放的萜类（Zhao et al.，2020）、醌类（Hou et al.，2019）、多酚类（Wang et al.，2016a）、不饱和脂肪酸（Ni et al.，2015）和生物碱（Shao et al.，2013）对产毒素的铜绿微囊藻表现出强烈的化感抑制作用。因此，利用植物源化感物质来处理有害藻华是一种经济且环境友好的方法，具有很大的应用潜力。

异喹啉类生物碱具有良好的生物活性，存在于多种常见植物中。它们广泛存在于罂粟科（Papaveraceae）、小檗科（Berberidaceae,）、毛茛科（Ranunculaceae）、芸香科（Rutaceae）、堇菜科（Violaceae）、马兜铃科（Aristolochiaceae）和其他植物中（Bae et al.，2012；Alam et al.，2019）。在医学领域，研究了异喹啉类生物碱对细菌和病毒的影响（Rathi et al.，2008；Chen et al.，2012），但很少有利用异喹啉生物碱来控制有害藻华的研究，对其可能存在的机制仍不清楚。以往的研究表明，血根碱可以改变蓝藻细胞膜的通透性，进而影响活性氧（ROS）水平和胞内酶活性。作为同类的异喹啉类生物碱，原阿片碱可能也会破坏蓝藻细胞膜的完整性。然而，对于原阿片碱是否能抑制铜绿微囊藻的生长，尚未进行充分的研究，其抑制作用机制尚不清晰。

为了弥补这一研究空白，本研究探索了原阿片碱对铜绿微囊藻 TY001 的抑制作用及机理。在不同浓度的原阿片碱胁迫下，测定与合成过氧化物酶和应激反应相关的三个基因的转录水平。此外，研究还测定了铜绿微囊藻 TY001 的丙二醛（MDA）含量变化和各种抗氧化酶——超氧化物歧化酶（SOD）、过氧化物酶（POD）和过氧化氢酶（CAT）的活性。

7.1 材料与方法

7.1.1 藻种和培养条件

铜绿微囊藻 TY001 分离于汾河太原河段,接种到含有 MA 培养基(Kasai et al., 2004)的 250 mL 无菌锥形瓶中,然后放到光照恒温培养箱(SPX-250B-G,博迅,中国)中培养。培养条件为:温度(25±1)℃,光照强度为 40 µmol/(m²·s)(光源为冷白灯管),光暗比 14:10。每天摇两次锥形瓶以防止藻细胞聚集。

7.1.2 实验处理

原阿片碱(纯度 95%)购买于阿法埃莎化学有限公司(Alfa Aesar,上海,中国),4℃下避光保存。实验在 250 mL 的无菌锥形瓶中进行,先加入 189.8 mL 无菌的 MA 培养基和 10 mL 铜绿微囊藻 TY001 培养液,再加入 0.2 mL 不同浓度的原阿片碱溶液[原阿片碱溶解于二甲基亚砜中(DMSO)],使原阿片碱的终浓度分别为 0、15 µg/L、30 µg/L、45 µg/L、90 µg/L 和 120 µg/L,对照组加入 0.2 mL 二甲基亚砜,预实验发现低于 0.2%(*V/V*)的二甲基亚砜对铜绿微囊藻 TY001 的生长无影响。铜绿微囊藻 TY001 初始细胞密度值为 $4.5×10^5$ 个/mL。每个处理设置三个重复,按照上述培养条件在光照恒温培养箱中连续培养 5 天。

7.1.3 原阿片碱对铜绿微囊藻 TY001 生长的影响

用原阿片碱处理铜绿微囊藻 1 天、3 天和 5 天后,各个处理组分别取样一次。细胞密度和叶绿素 a 含量测定方法同第四章第 4.1.3 小节的实验方法。

7.1.4 铜绿微囊藻脂质过氧化物和抗氧化酶的测定

用原阿片碱处理铜绿微囊藻 1 天、3 天和 5 天后,各个处理组分别取样一次。脂质过氧化物和抗氧化酶测定方法同第五章第 5.1.2 小节的实验方法。

7.1.5 RNA 的提取

用原阿片碱处理铜绿微囊藻 1 天、3 天和 5 天后,各个处理组分别取样一次。RNA 提取的具体实验步骤同第四章第 4.1.4 小节的实验方法。

7.1.6 逆转录及 qRT-PCR

逆转录及 qRT-PCR 的具体步骤同第四章第 4.1.5 小节的实验方法。

7.1.7 统计分析

统计学方法同第四章第 4.1.7 小节。

7.2 实验结果

7.2.1 原阿片碱对铜绿微囊藻细胞密度和叶绿素 a 的影响

藻细胞密度和叶绿素 a 浓度经常作为评价铜绿微囊藻生长优劣的指标。图 7.1 反映了原阿片碱对铜绿微囊藻 TY001 细胞密度和叶绿素 a 的影响，两个实验参数在整个实验期间具有相似的变化趋势。原阿片碱胁迫铜绿微囊藻 1 天后，与对照组相比，15 μg/L 处理组对铜绿微囊藻 TY001 细胞生长没有明显的抑制作用。在 30 μg/L 及以上浓度的添加量处理组中，铜绿微囊藻 TY001 的生长明显受到抑制。

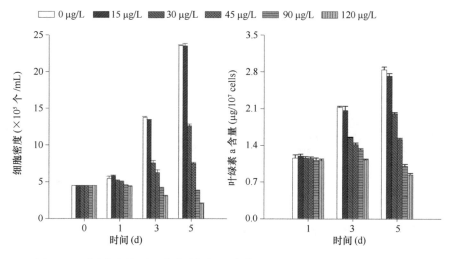

图 7.1 不同浓度的原阿片碱对铜绿微囊藻细胞密度和叶绿素 a 含量的影响

7.2.2 原阿片碱对铜绿微囊藻抗氧化酶活性和脂质过氧化的影响

图 7.2 是被原阿片碱胁迫后，铜绿微囊藻的 SOD、POD 和 CAT 活性的变化

情况。在第 1 天与对照组相比，低浓度（15 μg/L）处理组的 SOD 活性无显著差异。而当原阿片碱的添加量达到及高于 30 μg/L 时，铜绿微囊藻的 SOD 活性显著升高，且酶活性的变化与原阿片碱浓度的变化一致。在第 3 天和第 5 天，在高浓度（90 μg/L 和 120 μg/L）的原阿片碱添加量处理组中，铜绿微囊藻的 SOD 活性显著下降，POD 和 CAT 的活性变化与 SOD 的变化趋势大致相似。

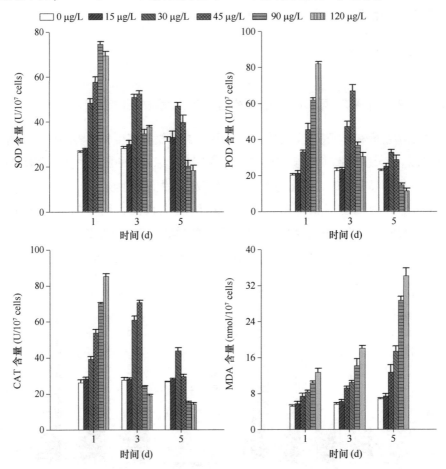

图 7.2　不同浓度的原阿片碱对铜绿微囊藻 SOD、POD、CAT 和 MDA 含量的影响

　　图 7.2 中还显示出原阿片碱对铜绿微囊藻 TY001 丙二醛（MDA）活性的影响。在低浓度（15 μg/L）原阿片碱的培养条件下，铜绿微囊藻 TY001 的 MDA 活性与对照组相比无显著差异。第 5 天时，MDA 含量显著增加，90 μg/L 和 120 μg/L 处理组中的 MDA 含量分别是对照组的 4.25 倍和 5.05 倍。

7.2.3　原阿片碱胁迫对铜绿微囊藻 TY001 目标基因表达量的影响

7.2.3.1　原阿片碱对铜绿微囊藻 DNA 修复和氧化胁迫应答相关基因表达量的影响

　　原阿片碱对铜绿微囊藻 TY001 三个基因的相对表达量的影响见图 7.3。从图中可以看出，在 30 μg/L、45 μg/L 和 90 μg/L 原阿片碱添加量处理组中，第 1 天的 *rec*A 基因表达量分别为对照的 6.48 倍、9.06 倍和 15.97 倍，120 μg/L 原阿片碱添加量处理组中的基因表达量是对照组的 18.74 倍。在第 3 天和第 5 天，高浓度（90 μg/L 和 120 μg/L）原阿片碱添加量处理组中的基因表达量显著降低。*prx* 和 *fabZ* 转录基因在实验期间与基因 *rec*A 的变化趋势大致相似。

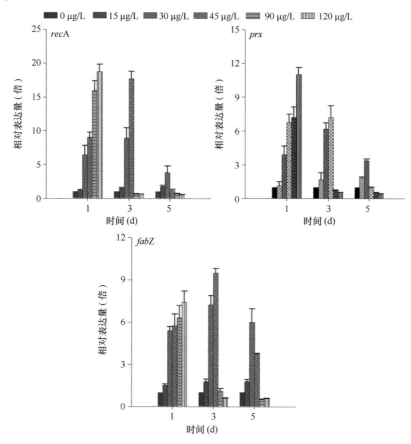

图 7.3　不同浓度的原阿片碱对铜绿微囊藻 *rec*A、*prx* 和 *fabZ* 基因表达量的影响

7.2.3.2 原阿片碱对铜绿微囊藻藻毒素合成相关基因表达量的影响

从图 7.4 中可以看出，在 1 天、3 天和 5 天后，和对照组相比，*mcy*B 基因表达量在 15 μg/L 和 30 μg/L 原阿片碱添加量处理组中显著增加，而在 45 μg/L、90 μg/L 和 120 μg/L 原阿片碱添加量处理组中明显降低。

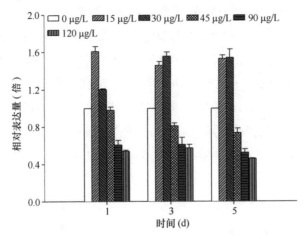

图 7.4　不同浓度的原阿片碱对铜绿微囊藻 *mcy*B 基因表达量的影响

7.3　讨论

水生和陆生植物对有害蓝藻藻华的化感作用已受到广泛关注，从植物中分离和鉴定出多种活性物质，包括简单酚类、胺类、有机酸类等（Bauer et al.，2009；Xiao et al.，2014），可以对浮游藻类的生长产生抑制作用。然而，有关异喹啉类生物碱对淡水浮游藻类化感作用的研究还相对较少。在本研究中，在原阿片碱胁迫下，藻细胞完整性受到破坏，细胞膜受到损伤，细胞生长受到抑制，表明原阿片碱对铜绿微囊藻 TY001 的生长有显著抑制作用。

藻类通过光合作用可以合成自身所需的有机物。叶绿素 a 是一种重要的捕光色素，在光合作用过程中对光能捕获、光能转移和产物储存至关重要（Wang et al.，2013）。叶绿素 a 含量与藻类细胞生长和光合作用状态密切相关。在本研究中，当原阿片碱添加 3 天和 5 天后，随着原阿片碱浓度的升高，叶绿素 a 含量迅速下降。这可能是因为原阿片碱降低了铜绿微囊藻 TY001 的光氧化能力。

氧化损伤是生物碱对蓝藻细胞产生化感作用的主要机制之一（Shao et al.，

2009；Zhao et al.，2015）。在胁迫条件下，铜绿微囊藻细胞内 ROS 水平显著升高，导致细胞损伤（Ni et al.，2018）。细胞内存在的三种内酶是清除 ROS 的主要抗氧化酶（Blackhall et al.，2004；Chen et al.，2019），氧化应激可以增加藻细胞内抗氧化酶的活性（Zhang et al.，2015）。在本研究中，当原阿片碱添加 1 天后，三种抗氧化酶活性均显著升高，说明原阿片碱引起了铜绿微囊藻 TY001 的氧化应激反应，这是微藻抵御恶劣环境条件的一种防护策略。在处理第 3 天后，三种抗氧化酶活性均显著下降，表明藻细胞抗氧化酶系统受到破坏。原阿片碱添加 1 天时，可以增加微藻氧化应激相关基因的表达。基因 prx 编码过氧化物酶（Prx），它可以清除藻细胞内的过氧化物（Horling et al.，2003），维持体内的氧化还原平衡（Vidigal et al.，2015）。Zhao 等（2015）的研究表明，喹唑啉类生物碱可以显著增加铜绿微囊藻 HAB5100 中 prx 基因的表达量。在本研究中，当原阿片碱添加 1 天后，铜绿微囊藻 TY001 细胞内 prx 基因的表达明显增加，而在添加第 3 天后，高浓度处理组的 prx 基因表达量表现出显著下降趋势，说明藻细胞无法从氧化应激中恢复过来，细胞的正常生长受到影响。基因 fabZ 编码一个脱水酶——β-羟脂酰载体脱氢酶，它能有效地催化短烃链和较长的饱和与不饱和烃链的脱水（Wu et al.，2013）。在本研究中，当原阿片碱添加 1 天后，fabZ 基因的表达量显著增加，表明铜绿微囊藻细胞膜被氧化。在原阿片碱添加 3 天后，fabZ 基因在细胞中的表达量显著下降，表明细胞膜损伤程度增加，阻碍了正常功能的发挥。MDA 是不饱和脂肪酸过氧化反应的重要产物，是细胞中脂质过氧化反应的主要指标（Sahu and Sabat，2011）。本研究测定了铜绿微囊藻在原阿片碱胁迫下的 MDA 含量，发现随着处理浓度的增加，MDA 含量显著增加。这进一步证实了铜绿微囊藻 TY001 细胞氧化严重。

RecA 是一种高度保守的多功能蛋白，对 DNA 损伤产生最早的应激反应，在 DNA 修复中发挥重要作用。Liu 和 Zhang 等（2015）发现 DNA 损伤时，recA 基因表达显著增加。蓝藻噬菌体 Ma-LMM01 并不能显著提高铜绿微囊藻中 recA 基因的表达量（Honda et al.，2014）。在本研究中，当原阿片碱投加 1 天后，recA 基因的表达量显著增加，表明为了修复受损的 DNA，藻细胞提高了 recA 基因的表达量。然而，在原阿片碱添加 3 天后，铜绿微囊藻中 recA 基因的表达显著下调，但其对 DNA 的损伤可能会持续。

微囊藻毒素是由 mcyA-J 基因簇合成的，总长度为 55 kb。mcyB 基因产物可在蓝藻中合成微囊藻毒素（Alexova et al.，2011）。之前的研究表明，环境胁迫可以显著增加蓝藻中 *mcy* 基因的转录，增加藻毒素的合成（Kaebernick et al.，2000）。在本研究中，当45 μg/L、90 μg/L 和 120 μg/L 原阿片碱处理 1 天、3 天和 5 天后，铜绿微囊藻细胞中 *mcy*B 的相对表达量显著降低，微囊藻毒素的合成也可能会显著降低。因此，原阿片碱作为一种控制铜绿微囊藻藻华的化感物质，控藻过程中不会增加微囊藻毒素的含量，也不会对生态健康构成潜在的风险。

7.4 小结

本章探讨了原阿片碱对铜绿微囊藻 TY001 的化感抑制作用及机理。实验结果表明，随着原阿片碱添加浓度的增加，铜绿微囊藻 TY001 藻细胞密度与叶绿素 a 含量显著降低。随着胁迫时间的增长，即 3 天后，高浓度处理组的铜绿微囊藻 *prx* 基因的表达量明显下降，抗氧化酶系统受到损伤，而 ROS 水平持续增高，抗氧化酶不能清除过量的 ROS，导致细胞生理平衡受到破坏。*fabZ* 基因表达显著降低且 MDA 含量增加，表明藻细胞脂质过氧化程度加深，细胞膜受到严重破坏。在胁迫条件下，藻细胞 *rec*A 基因的表达量在实验后期明显下降，说明藻细胞的 DNA 受到损伤。藻细胞 *mcy*B 基因表达量降低，可能不会增加微囊藻毒素的合成量。以上结果表明，氧化损伤和 DNA 损伤是原阿片碱对铜绿微囊藻抑制的主要机理。

第八章　结论与展望

8.1　结论

山西省水资源严重匮乏，素有"山西母亲河"之称的汾河在山西经济发展、居民生活中起着不可估量的作用。汾河太原河段是汾河流域的中段，近年来，由于太原市人口迅速膨胀，导致城市生活污水排放量呈直线上升趋势，汾河附近未经处理的居民生活污水、沿线工业和农业废水、汛期地表雨水及雨污合流污染物不断排入汾河段水体，其污染程度大大超出了水体的自净能力，水体富营养化日益严重，导致水质恶化。2011年8月，太原汾河景区的迎泽大桥和南内环桥段暴发的大规模蓝藻水华，污染水域长达数千米。作者在2012—2016年对汾河太原河段水体中的浮游植物及水华优势种进行了研究，并发现产毒素和异味物质种类，并且研究了环境友好的控藻方法和抑藻机理，主要研究结论如下。

（1）2012—2016年，通过对采集样品的观察，共鉴定出浮游植物202种，隶属于7门72属，区系组成主要以绿藻门、硅藻门、蓝藻门为主。随着季节和年份的变化，浮游植物物种总数呈现上升的趋势，尤其是蓝藻门、绿藻门和硅藻门，每年采集的样品中都会发现新出现的物种（并非分类学中的新种），并且数量也在不断上升。5年间，10个采样点共发现浮游植物优势种6门19种。其中，蓝藻门种类最多，占42.11%；其次为绿藻门种类，占21.05%；其他门优势种类相对较少。但是每年的5月，跻汾桥和南中环桥段都会出现裸藻水华，而每年的7—9月，各采样点也会出现面积不等的微囊藻水华，并且优势种均不同。各采样点的优势种呈现高度的时空异质性，并且在年内各个季度变化较大。本研究通过形态和分子生物学结合的手段，对发生水华的优势种进行了鉴定，结果表明，5月发生的裸藻水华，优势种为血红裸藻。而7—9月发生的微囊藻水华，优势种为铜绿微囊藻、挪氏微囊藻和惠氏微囊藻。

（2）本研究首次发现汾河太原河段水体中的微囊藻产毒素，分离纯化得到的 8 株微囊藻中有 5 株为产毒微囊藻，但是其产毒素浓度较低。铜绿微囊藻 TY001、FH0003、FH0004、FH0006 和 FH0007 的产毒素浓度分别为（59.76±5.32）pg/10^8 cells、（36.54±3.06）pg/10^8 cells、（39.19±2.09）pg/10^8 cells、（32.09±2.08）pg/10^8 cells 和（36.46±3.02）pg/10^8 cells。分离纯化的微囊藻挥发性异味物质的检测结果表明，8 株微囊藻中有 6 株（TY001、FH0002、FH0003、FH0004、FH0005、FH0006）可产生明显的异味。经过嗅味判断及与常见异味种类标准品的比对，确定这 6 株微囊藻产生的异味物质主要为 β-环柠檬醛，其他三类淡水水体常见的藻源异味物质（GSM，2-MIB 和 β-紫罗兰酮）均未检出。

（3）连苯三酚同其他化感物质一样，对铜绿微囊藻有抑制作用。首先，nblA 基因表达量的上升可能引起 PBS 降解蛋白的增加，导致光合效率下降。其次，F_v/F_m、PI_{ABS} 和 PI_{CS} 等叶绿素荧光参数的显著降低，说明铜绿微囊藻完整的光合作用性能受到破坏。同时，也表明连苯三酚对铜绿微囊藻的光合抑制是极其重要的机理（图 8.1）。连苯三酚可以明显抑制细胞生长甚至使细胞致死，是能有效控制和消除铜绿微囊藻水华的化感物质。更进一步的研究中，需要探索更多的化感抑制机理，寻求更好的化感抑藻物质来控制我国甚至全球的有害蓝藻水华。

（4）连苯三酚可明显提高铜绿微囊藻 TY001 的 prx、ftsH、grpE、fabZ、recA 和 gyrB 基因的表达量。同时，氧化胁迫可引起三种抗氧化酶（SOD、POD 和 CAT）含量明显上升，脂质过氧化反应发生导致丙二醛（MDA）含量上升。这些实验结果表明，连苯三酚对铜绿微囊藻 TY001 有明显的抑制作用，氧化损伤和 DNA 损伤是重要的致毒机理（图 8.1）。微囊藻毒素合成基因 mcyB 和 mcyD 表达量及微囊藻含量明显提高。

（5）黄酮类化合物 5，4'-DHF 对铜绿微囊藻 TY001 有明显的抑制作用。5，4'-DHF 胁迫可明显提高细胞内的活性氧（ROS）水平，同时，prx 基因和抗氧化酶的含量也明显上升。但是随着胁迫时间的增长，prx 基因的表达量明显下降，抗氧化酶系统受到损伤，而 ROS 水平持续增高，抗氧化酶不能清除过量的 ROS，导致细胞生理平衡受到破坏，从而引起脂质过氧化反应和 MDA 含量增加；fabZ 基因的表达量明显下降，细胞膜受到了极大的损伤。在 5，4'-DHF 胁迫下，recA 基因的表达量明显下降，可能是由于铜绿微囊藻 TY001 的 DNA 受到了损伤。5，4'-DHF 降低了 psbA 基因的表达量，光合作用中的电子传递和能量转移受到阻碍，光合效率大大降低。5，4'-DHF 没有提高微囊藻毒素合成基因 mcyB 基因的

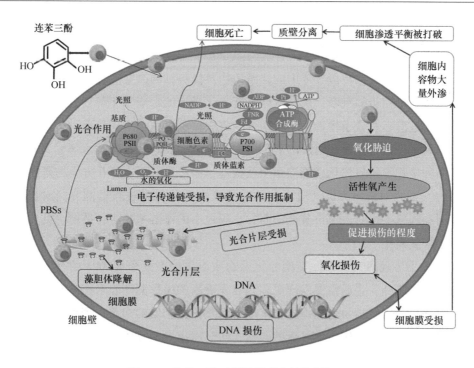

图 8.1　连苯三酚对铜绿微囊藻的抑制机理

表达量，可能会让微囊藻毒素的合成量大大降低。以上结果表明，光合抑制、氧化损伤和 DNA 损伤是 5，4′-DHF 对铜绿微囊藻有抑制作用的主要机理。因此，5，4′-DHF 是一种环境友好且抑藻效率高的化感物质，可应用于控制铜绿微囊藻水华。

（6）异喹啉类生物碱——原阿片碱对铜绿微囊藻 TY001 有明显的抑制作用。随着原阿片碱添加浓度的增加，铜绿微囊藻 TY001 藻细胞密度与叶绿素 a 含量显著降低。随着胁迫时间的增长，高浓度处理组的铜绿微囊藻 prx 基因的表达量明显下降，抗氧化酶系统受到损伤，而 ROS 水平持续增高，抗氧化酶不能清除过量的 ROS，导致细胞生理平衡受到破坏。$fabZ$ 基因表达显著降低且 MDA 含量增加，表明藻细胞脂质过氧化程度加深，细胞膜受到严重破坏。在胁迫条件下，藻细胞 $recA$ 基因的表达量在实验后期明显下降，说明藻细胞的 DNA 遭到损伤。藻细胞 $mcyB$ 基因表达量降低，可能不会增加微囊藻毒素的合成量。以上结果表明，氧化损伤和 DNA 损伤是原阿片碱对铜绿微囊藻抑制的主要机理。

8.2 展望

本书对汾河太原河段 5 年中的浮游植物及优势种的时空变化进行了研究，并对水质做出了初步的判断。由于水体富营养化导致的水华每年都会发生，水华发生时，通过形态和分子生物学手段结合的方法，鉴定了水华优势藻种类，并分离纯化得到了产毒素和异味物质的藻种。为了控制和消除有害藻类水华，又初步探索了两种生物源物质的化感抑藻作用及机理，以后可开展以下几方面的研究。

（1）继续对汾河太原河段水体的浮游植物和优势种进行监测，同时扩大监测范围和频率，可对太原市甚至山西省水源地中的浮游植物进行监测，防止有害蓝藻水华的发生。

（2）书中仅对三种不同类型的化感物质对铜绿微囊藻 TY001 的抑制作用和机理进行了研究，今后需要发现更多、效率更高的生物源物质来控制有害蓝藻水华。目前，基因组学及蛋白组学技术逐渐成熟，在今后的抑藻机理研究中，可引入这些高新技术，提供更加可靠的数据，同时探求更加高效、稳定和生态型的防控裸藻水华的方法。

（3）目前，使用单一化感物质抑藻的方法在实验室内取得了较好的效果，但是在野外原位实验中研究的数据较少，实际应用还需加大研究力度，发现更多可抑藻的化感物质，也可研究多种化感物质联合抑藻的效果。今后可进行野外围隔初步试验，并需考虑环境变化对化感物质作用的影响及生态安全性的评价，研究更加有效、全面的抑制剂和抑藻方法。

参考文献

白羽, 2013. 加拿大一枝黄花对铜绿微囊藻化感抑制机理的研究[D]. 上海: 上海交通大学.

边归国, 2012. 浮水植物化感作用抑制藻类的机理与应用[J]. 水生生物学报, 36(5): 978-982.

边归国, 赵卫东, 达来, 2012. 沉水植物化感作用抑制藻类生长的研究与应用[J]. 北方环境, 24(1): 59-64.

柴民伟, 石福臣, 马妍, 等, 2010. 药用植物浸提液抑制蛋白核小球藻生长的化感效应[J]. 生态学报, 30(18): 4960-4966.

陈迪, 章群, 钱开诚, 等, 2006. 广东省水库3株水华微囊藻16S rRNA序列分析[J]. 生态科学, 25(1): 41-42.

陈家长, 孟顺龙, 尤洋, 等, 2009. 太湖五里湖浮游植物群落结构特征分析[J]. 生态环境学报, 18(4): 1358-1367.

陈月琴, 何家菀, 庄丽, 等, 1999. 二种淡水微囊藻rDNA 16S-23S基因间隔区的序列测定与分析[J]. 水生生物学报, 23(1): 41-46.

谌丽斌, 梁文艳, 曲久辉, 等, 2005. FDA-PI双色荧光法检测蓝藻细胞活性的研究[J]. 环境化学, 24(5): 554-557.

邓建明, 蔡永久, 陈宇炜, 等, 2010. 洪湖浮游植物群落结构及其与环境因子的关系[J]. 湖泊科学, 22(1): 70-78.

邓绪伟, 陶敏, 张路, 等, 2013. 洞庭湖水体异味物质及其与藻类和水质的关系[J]. 环境科学研究, 26(1): 16-21.

董昆明, 缪莉, 李楠, 等, 2011. 广玉兰叶片浸提液中抑铜绿微囊藻化学成分分析[J]. 环境化学, 30(7): 1253-1258.

冯佳, 沈红梅, 谢树莲, 2011. 汾河太原段浮游藻类群落结构特征及水质分析[J]. 资源科学, 33(6): 1111-1117.

冯菁, 朱擎, 吴为中, 等, 2008. 稻草浸泡液对藻类抑制作用机制[J]. 环境科学, 29(12): 3376-3381.

高云霓, 2010. 三种水鳖科沉水植物分泌物对铜绿微囊藻的化感作用研究[D]. 武汉: 中国科学院水生生物研究所.

耿小娟,范勇,王晓青,2009. 水葫芦化感物质 N-苯基-2-萘胺对铜绿微囊藻生长的影响[J].
四川大学学报(自然科学版),46(5):493-496.

苟亚峰,谬应林,孙世伟,等,2009. 马缨丹化学成分及生物活性研究进展[J]. 热带农业工程,
33(5):37-40.

何振荣,何家菀,李仁辉,等,1990. 武汉东湖铜绿微囊藻毒株 M.8641 的毒性与生长、温度的
关系[J]. 水生生物学报,14(4):343-349.

胡陈艳,葛芳杰,张胜花,2010. 马来眼子菜体内抑藻物质分离及常见脂肪酸抑藻效应[J]. 湖
泊科学,22(4):569-576.

胡洪营,门玉洁,李锋民,2006. 植物化感作用抑制藻类生长的研究进展[J]. 生态环境,15
(1):153-157.

胡鸿钧,魏印心,2006. 中国淡水藻类——系统、分类及生态[M]. 北京:科学出版社.

惠天翔,谢平,过龙根,等,2015. 洋河水库浮游植物组成及优势种演替规律研究[J]. 水生生
物学报,39(3):524-532.

江中央,郭沛涌,2011. 陆生植物对藻类化感抑制作用的研究进展[J]. 工业水处理,31(12):
13-17.

蒋永光,2014. 产拟柱胞藻毒素蓝藻及其毒素合成基因的分子生态学研究[D]. 武汉:中国科
学院水生生物研究所.

金红春,肖调义,张婷,等,2009. 浮游藻类的化感作用研究进展[J]. 中国微生态学杂志,21
(8):768-769.

孔垂华,胡飞,王朋,2016. 植物化感(相生相克)作用[M]. 北京:高等教育出版社.

孔繁翔,宋立荣,2011. 蓝藻水华形成过程及其环境特征研究[M]. 北京:科学出版社.

李红,马燕武,祁峰,等,2014. 博斯腾湖浮游植物群落结构特征及其影响因子分析[J]. 水生
生物学报,38(5):921-928.

李磊,侯文华,2007. 荷花和睡莲种植水对铜绿微囊藻生长的抑制作用研究[J]. 环境科学,28
(10):2180-2186.

李连同,2013. 南美白对虾塘发生裸藻水华的危害及防控对策[J]. 科学养鱼(2):59-60.

李林,2005. 淡水水体中藻源异味化合物的分布、动态变化与降解研究[D]. 武汉:中国科学院
水生生物研究所.

李林,万能,甘南琴,等,2007. 武汉大莲花湖异味化合物日变化及其相关因子分析[J]. 水生
生物学报,31(1):112-118.

李林,汪淑贞,赵菲菲,等,2016. 灰化薹草浸提液对铜绿微囊藻生长的抑制作用[J]. 湿地科
学,14(2):173-178.

连民,刘颖,俞顺章,2001. 氮、磷、铁、锌对铜绿微囊藻生长及产毒的影响[J]. 上海环境科学,

20(4)：166-170.

廖春丽，吴创业，郑瑞，等，2014. 药用植物浸提液溶藻效果和溶藻机理的研究[J]. 河南农业大学学报，48(4)：470-474.

刘国祥，2009. 水产养殖池塘裸藻水华的特点、危害和调控[J]. 中国水产 (2)：59-60.

刘海林，章群，李名立，等，2010. 太湖与广东汤溪水库微囊藻 gyrB 基因序列分析[J]. 湖泊科学，22(2)：221-226.

刘建康，1999. 高级水生生物学[M]. 北京：科学出版社.

刘立明，2011. 巢湖典型区域水体异味物质时空动态及土霉异味的去除研究[D]. 武汉：中国科学院水生生物研究所.

刘文芳，赵颖，蔡亚君，等，2015. 高铁酸盐的制备及其在水和废水处理中的应用[J]. 环境工程技术学报，5(1)：13-19.

刘彦彦，邵继海，刘德明，等，2015. 白屈菜红碱对铜绿微囊藻生长和光合系统的影响[J]. 水生生物学报，39(1)：149-154.

刘洋，胡佩茹，马思三，等，2016. 实时荧光定量 PCR 方法检测南太湖入湖口产毒微囊藻[J]. 湖泊科学，28(2)：246-252.

陆桂华，马倩，2010. 2009 年太湖水域"湖泛"监测与分析[J]. 湖泊科学，22(4)：481-487.

门玉洁，胡洪营，李锋民，2006. 芦苇化感组分对斜生栅藻 Scenedesmus obliquus 生长特性的影响[J]. 生态环境学报，15(5)：925-929.

缪恒锋，陶文沂，2008. 富营养化水体异味物质的臭氧氧化研究[J]. 环境科学，29(12)：3439-3444.

倪利晓，陈世金，任高翔，等，2011. 陆生植物化感作用的抑藻研究进展[J]. 生态环境学报，20(6-7)：1176-1182.

欧阳好婧，2006. 玉米秸秆对赤潮藻的抑制作用及其机制的初步研究[D]. 广州：暨南大学.

潘倩倩，2013. 束丝藻中鱼腥藻毒素合成的分子基础研究[D]. 武汉：中国科学院水生生物研究所.

潘倩倩，朱梦灵，刘洋，等，2014. 阿氏浮丝藻 mcyT 基因序列多样性研究[J]. 水生生物学报，38(1)：92-99.

庞科，姚锦仙，王昊，等，2011. 额尔古纳河流域秋季浮游植物群落结构特征[J]. 生态学报，31(12)：3391-3398.

齐敏，孙小雪，邓绪伟，等，2013. 太湖不同形态异味物质含量、相互关系及其与环境因子关系的探讨[J]. 湖泊科学，25(1)：31-38.

钱奎梅，陈宇炜，宋晓兰，2008. 太湖浮游植物优势种长期演化与富营养化进程的关系[J]. 生态科学，27(2)：65-70.

秦宏兵，张晓赟，范苓，等，2016. 苏州市太湖饮用水源地异味物质种类及其与环境因子相关性分析[J]. 环境监控与预警, 8(3): 38-42.

秦伟, 王婷, 2014. 微囊藻毒素毒性的分子机制研究进展[J]. 医学理论与实践, 27(23): 3121-3122, 3171.

全国主要湖泊、水库富营养化调查研究课题组, 1987. 湖泊富营养化调查规范[M]. 北京: 中国环境科学出版社, 265-281.

舒惠琳, 郑凌凌, 翁笑艳, 等, 2016. 黏伪鱼腥藻和铜绿微囊藻之间的化感作用研究[J]. 福建师范大学学报, 32(2): 62-68.

舒天阁, 苑宝玲, 王少蓉, 2008. 低功率超声波去除铜绿微囊藻技术[J]. 华侨大学学报(自然科学版), 29(1): 72-75.

宋立荣, 李林, 陈伟, 等, 2004. 水体异味及其藻源次生代谢产物研究进展[J]. 水生生物学报, 28(4): 434-439.

汤仲恩, 种云霄, 吴启堂, 2007. 3种沉水植物对5种富营养化藻类生长的化感效应[J]. 华南农业大学学报, 28(4): 42-46.

汤仲恩, 种云霄, 朱文玲, 2007. 几种观赏型沉水植物对富营养化蓝绿藻类的抑制作用[J]. 生态环境, 16(6): 1637-1642.

汪瑾, 杜明勇, 于玉凤, 等, 2014. 几种植物浸提液对铜绿微囊藻的抑制作用及抑藻特性[J]. 南京农业大学学报, 37(4): 91-96.

江文斌, 孔赟, 郑昱, 等, 2014. 化感物质抑藻作用研究进展[J]. 中国沼气, 32(3): 40-46, 50.

汪小雄, 2011. 化学方法在除藻方面的应用[J]. 广东化工. 38(4): 24-26.

汪志聪, 吴卫菊, 左明, 等, 2010. 巢湖浮游植物群落生态位的研究[J]. 长江流域资源与环境, 19(6): 685-691.

王朝晖, 林秋奇, 胡韧, 等, 2004. 广东省水库的蓝藻污染状况与水质评价[J]. 热带亚热带植物学报, 12(2): 117-123.

王聪, 张饮江, 李岩, 等, 2011. 陆生植物化感作用抑制有害藻应用研究进展[J]. 环境科学与技术, 35(1): 115-121.

王红强, 2009. 伊乐藻抑藻物质的分离、鉴定及其化感作用研究[D]. 武汉: 中国科学院水生生物研究所.

王红强, 成水平, 张胜花, 等, 2010. 伊乐藻生物碱的GC-MS分析及其对铜绿微囊藻的化感作用[J]. 水生生物学报, 34(2): 361-366.

王红强, 朱慧杰, 张丽萍, 等, 2011. 伊乐藻中有机酸的GC-MS分析及其抑藻作用研究[J]. 环境科学与技术, 34(7): 23-26.

王捷, 2011. 念珠藻属(蓝藻)的分类及分子系统研究[D]. 太原: 山西大学.

王捷, 冯佳, 谢树莲, 等, 2015. 汾河太原河段浮游植物多样性及微囊藻产异味物质研究[J].

生态学报, 35(10)：3357-3363.

王捷, 王志强, 冯佳, 等, 2014. 两种植物水浸提液对水华微囊藻的化感作用[J]. 净水技术, 33(4)：59-62.

王捷, 谢树莲, 王中杰, 等, 2011. 汾河(太原市景区段)微囊藻的分子多样性及产毒能力[J]. 湖泊科学, 23 (4)：505-512.

王金霞, 罗固源, 2012. 荧光光谱法分析环境因子对溶藻细菌 S7 溶藻作用的影响[J]. 上海交通大学学报, 5(46)：780-784.

王明翠, 刘雪芹, 张建辉, 2002. 湖泊富营养化评价方法及分级标准[J]. 中国环境监测, 18 (5)：47-49.

王鹏, 2011. 汾河流域生态环境质量评价与分析[D]. 太原：太原理工大学.

王瑜, 刘录三, 舒俭民, 等, 2011. 白洋淀浮游植物群落结构与水质评价[J]. 湖泊科学, 23 (4)：575-580.

王志强, 王捷, 冯佳, 等, 2013. 4 种水生植物水浸提液对水华微囊藻生长的影响[J]. 安徽农业科学, 41(7)：2833-2834.

王中杰, 2012. 蓝藻土霉异味物质合成基因的研究及其生态应用[D]. 武汉：中国科学院水生生物研究所.

魏代春, 苏婧, 王骥, 等, 2013. 微囊藻毒素分布及与理化因子关系的研究进展[J]. 环境科学与技术, 36(12)：127-132.

吴来燕, 2011. 微囊藻毒素及其 GSH/Cys 代谢物的测定方法研究及应用[D]. 武汉：中国科学院水生生物研究所.

吴振斌, 2016. 大型水生植物对藻类的化感作用[M]. 北京：科学出版社.

吴忠兴, 2006. 我国微囊藻多样性分析及其种群优势的生理学机制研究[D]. 武汉：中国科学院水生生物研究所.

夏珊珊, 常学秀, 吴锋, 等, 2008. 蓝藻化感抑制作用研究进展[J]. 生态学报, 28(8)：3927-3936.

肖溪, 2012. 大麦秸秆对蓝藻化感抑制作用与机理的研究[D]. 杭州：浙江大学.

谢静, 2013. 溶藻细菌 L7 对两种水华藻类的溶藻机制研究[D]. 广州：华南理工大学.

谢平, 2007. 论蓝藻水华的发生机制——从生物进化、生物地球化学和生态学视点[M]. 北京：科学出版社.

谢平, 2009. 微囊藻毒素对人类健康影响相关研究的回顾[J]. 湖泊科学, 21(5)：603-613.

谢平, 2003. 鲢、鳙与藻类水华控制[M]. 北京：科学出版社.

徐芙清, 何伟, 郑星, 等, 2010. 野艾蒿及其有机提取物对铜绿微囊藻生长的抑制作用[J]. 生态学报, 30(3)：745-750.

徐瑶, 2011. 富营养化水体微囊藻分子生态研究——以太湖和秦淮河为例[D]. 南京：南京师范大学.

徐盈，黎雯，吴文忠，等，1999. 东湖富营养水体中藻菌异味性次生代谢产物的研究[J]. 生态学报，19(2)：212-216.

许燕娟，曹旭静，2014. 饮用水异味物质的组成、监测方法和应急措施[J]. 污染防治技术，27(5)：57-59.

杨松芹，巴月，张慧珍，等，2008. 郑州市主要生活饮用水源中微囊藻细胞的分离培养与毒性鉴定[J]. 郑州大学学报(医学版)，43(1)：95-97.

尹澄清，兰智文，金维根，1989. 围隔中水华控制实验[J]. 环境科学学报，9(1)：95-99.

虞功亮，宋立荣，李仁辉，2007. 微囊藻属常见种类的分类学讨论——以滇池为例[J]. 植物分类学，45(5)：727-741.

张柏烽，朱鹏，严小军，等，2015. 一种快速检测微囊藻毒素 mcyG 基因的新技术——环介导恒温扩增[J]. 生态学报，35(9)：3104-3112.

张杭君，张建英，焦荔，等，2005. 微囊藻毒素的快速提取方法研究[J]. 浙江大学学报(农业与生命科学版)，31(6)：736-740.

张庭廷，张胜娟，2014. 微囊藻毒素的危害及其分析方法研究进展[J]. 安徽师范大学学报，37(1)：53-57.

章典，李诚，刘璐，等，2015. 岩兰草油对淡水藻类的抑制作用[J]. 生态学报，35(6)：1845-1851.

章宗涉，黄祥飞，1991. 淡水浮游生物研究方法[M]. 北京：中国科学出版社，1991：333-344.

朱为菊，王全喜，2011. 滴水湖浮游植物群落结构特征及对其水质评价[J]. 上海师范大学学报(自然科学版)，40(4)：405-410.

AKIYAMA Y, 2009. Quality control of cytoplasmic membrane proteins in *Escherichia coli*[J]. The Journal of Biochemistry, 146：449-454.

AKNIN M, MOELLET-NZAOU R, CISSE E, et al, 1992. Fatty aid composition of twelve species Chlorophyceae from the Senegalese coast[J]. Phytochemistry, 31 (8)：2739-2741.

ALAM M B, JU M K, KWON Y G, et al, 2019. Protopine attenuates inflammation stimulated by carrageenan and LPS via the MAPK/NF-κB pathway [J]. Food and Chemical Toxicology, 131：110583.

ALEJANDRO D, MURO-PASTOR A M, MERCHAN F, et al, 2019. Electrocoagulation/ flocculation of cyanobacteria from surface waters[J]. Journal of Cleaner Production, 238(117964)：1-9.

ALEXOVA R, FUJII M, BIRCH D, et al, 2011. Iron uptake and toxin synthesis in the bloom-forming Microcystis aeruginosa under iron limitation[J]. Environmental Microbiology, 13(4)：1064-1077.

ALLEN D W, 2004. The optical properties of barley straw extract：A possible algal inhibitor[D]. US：Hood College.

APPENROTH K J, STÖCKEL J, SRIVASTAVA A, et al, 2001. Multiple effects of chromate on the photosynthetic apparatus of Spirodela polyrhiza as probed by OJIP chlorophyll a fluorescence measurements[J]. Environmental Pollution, 115(1): 49-64.

BAE D S, KIM Y H, PAN C H, et al, 2012. Protopine reduces the inflammatory activity of lipopolysaccharide stimulated murine macrophages[J]. BMB Reports, 45 (2): 108-113.

BAGU J R, SYKES B D, CRAIG M M, et al, 1997. A molecular basis for different interactions of marine toxins with protein phosphatase - 1, molecular models for bound motuporin, microcystins, okadaic acid and calyculin A[J]. Journal of Biological Chemistry, 272: 5087-5097.

BAR-YOSEF Y, SUKENIK A, HADAS O, et al, 2010. Enslavementin the water body by toxic Aphanizomenon ovalisporum, inducing alkaline phosphatase in phytoplanktons[J]. Current Biology, 20: 1557-1561.

BAUER N, BLASCHKE U, BEUTLER E, et al, 2009. Seasonal and interannual dynamics of polyphenols in Myriophyllum verticillatum and their allelopathic activity on *Anabaena variabilis*[J]. Aquatic Botany 91(2): 110-116.

BERGER J, SCHAGERL M, 2004. Allelopathic activity of Characeae[J]. Biologia, 59(1): 9-15.

BEVERSDORF L J, CHASTON S D, MILLER T R, et al. , 2015. Microcystin *mcy*A and *mcy*E gene abundances are not appropriate indicators of microcystin concentrations in lakes[J]. PLoS ONE, 10 (5): e0125353.

BI X D, ZHANG S L, DAI W, et al, 2014. Analysis of effects of berberine on the photosynthesis of Microcystis aeruginosa at gene transcriptional level[J]. Clean- Soil Air Water, 43(1): 44-50.

BLACKHALL M L, COOMBES J S, FASSET R, 2004. The relationship between antioxidant supplements and oxidative stress in renal transplant recipients: A review[J]. ASAIO Journal, 50(5): 451-457.

BOHUNICKá M, PIETRASIAK N, JOHANSEN J R, et al, 2015. Roholtiella, gen. nov. (Nostocales, Cyanobacteria)——A tapering and branching cyanobacteria of the family Nostocaceae [J]. Phytotaxa, 197(2): 84-103.

BOTES D P, KRUGER H, VILJOEN C C, 1982. Isolation and characterization of four toxins from the blue-green alga, Microcystis aeruginosa[J]. Toxicon, 20(6): 945-954.

BOYER S L, FLECHTNER V R, JOHANSEN J R, 2001. Is the 16S-23S rRNA internal transcribed spacer region a good tool for use in molecular systematics and population genetics? A case study in cyanobacteria[J]. Molecular Biology and Evolution, 18(6): 1057-1069.

BOZARTH C S, SCHWARTZ A D, SHEPARDSON J W, et al, 2010. Population turnover in a *Microcystis* bloom results in predominantly nontoxigenic variants late in the season[J]. Applied and Environmental Microbiology, 76(15): 5207-5213.

BRIAND E, ESCOFFIER N, STRAUB C, et al, 2009. Spatiotemporal changes in the genetic diversity of a bloom – forming *Microcystis aeruginosa* (cyanobacteria) population [J]. ISME Journal, 3: 419–429.

CARMICHAEL W W, 1995. Toxic Microcystis in the environment[M].//WATANABE M F, HARA-DA K, CARMICHAEL W W, FUJIKI H (Eds.). Toxic microcystis (pp. 1–12). New York: CRC Press.

CASTENHOLZ R W, PHYLUM B X, 2001. Cyanobacteria. Oxygenic photosynthetic bacteria[M]. // BOONE D R, CASTENHOLZ R W eds. Bergey's manual of systematic bacteriology, New York: Springer-Verlag.

CASTENHOLZ R W, WATERBURY J B. 1989. Oxygenic photosynthetic bacteria. Group I, Cyanobacteria[M].//Bergey's manual of systematic bacteriology, VOL 3(STALEY J T, BRYANT M P, Pfenning N, eds), Baltimore,1710–1806.

CEBALLOS-LAITA L, CALVO-BEGUERIA L, LAHOZ J, et al, 2015. γ–Lindane increases microcystin synthesis in Microcystis aeruginosa PCC7806[J]. Marine Drugs, 13: 5666–5680.

CHEN C H, LIAO C H, CHANG Y L, et al, 2012. Protopine, a novel microtubule–stabilizing agent, causes mitotic arrest and apoptotic cell death in human hormone–refractory prostate cancer cell lines [J]. Cancer Letters, 315(1): 1–11.

CHEN J, XIE P, 2005. Seasonal dynamics of the hepatotoxic microcystins in various of four freshwater bivalves from the large eutrophic lake Taihu of subtropical China and the risk to human consumption [J]. Environmental Toxicology, 20(6): 572–584.

CHEN J, XIE P, MA Z M, et al, 2010. A systematic study on spatial and seasonal patterns of eight taste and odor compounds with relation to various biotic and abiotic parameters in Gonghu Bay of Lake Taihu, China[J]. Science of the Total Environment, 409(2): 314–325.

CHEN J, XIE P, ZHANG D W, et al, 2006. In situ studies on the bioaccumulation of microcystins in the phytoplanktivorous silver carp (Hypophthalmichthys molitrix) stocked in Lake Taihu with dense toxic Microcystis blooms[J]. Aquaculture, 261: 1026–1038.

CHEN L F, WANG Y, SHI L L, et al, 2019. Identification of allelochemicals from pomegranate peel and their effects on Microcystis aeruginosa growth[J]. Environmental Science and Pollution Research, 26(22): 22389–22399.

CHEN Z, YANG H, PAVLETICH N P, 2008. Mechanism of homologous recombination from the RecA–ssDNA/dsDNA structures[J]. Nature, 453: 489–494.

CHOE S, JUNG I H, 2002. Growth inhibition of freshwater algae by ester compounds released from rotted plants[J]. Journal of Industrial and Engineering Chemistry, 8(4): 297–304.

CIRÉS S, BALLOT A, 2016. A review of the phylogeny, ecology and toxin production of bloom–forming Aphanizomenon spp. and related species within the Nostocales (cyanobacteria) [J]. Harmful

Algae, 54: 21-43.

COX P A, BANACK S A, MURCH S J, et al, 2005. Diverse taxa of cyanobacteria produce β-N-methylamino-L-alanine, a neurotoxic amino acid[J]. Proceedings of the National Academy of Sciences of the United States of America, 102(14): 5074-5078.

DAGAN T, ROETTGER M, STUCKEN K, et al, 2013. Genomes of stigonematalean cyanobacteria (Subsection V) and the evolution of oxygenic photosynthesis from prokaryotes to plastids[J]. Genome Biology and Evolution, 5(1): 31-44.

DAVIS T W, BERRY D L, BOYER G L, et al, 2009. The effects of temperature and nutrients on the growth and dynamics of toxic and non-toxic strains of *Microcystis* during cyanobacteria blooms[J]. Harmful Algae, 8: 715-725.

DEVEREUX R, HE S H, DOYLE C L, et al, 1990. Diversity and origin of Desulfovibrio species: Phylogenetic definition of a family[J]. Journal of Bacteriology, 172(7): 3609-3619.

DEVLIN J P, EDWARDS O E, GORHAM P R, et al, 1977. Anatoxin-a, a toxic alkaloid from Anabaena flos-aquae NRC-44h[J]. Canadian Journal of Chemistry, 55(8): 1367-1371.

DITTMANN E, FEWER D P, NEILAN B A, 2013. Cyanobacterial toxins: biosynthetic routes and evolutionary roots[J]. FEMS Microbiology Review, 37(1): 23-43.

DODDS W K, BOUSKA W W, EITZMANN J L, et al, 2009. Eutrophication of U. S freshwaters: Analysis of potential economic damages[J]. Environmental Science and Technology, 43(1): 12-19.

DONK E V, BUND W J V D, 2002. Impact of submerged macrophytes including charophytes on phyto- and zooplankton communities: Allelopathy versus other mechanisms[J]. Aquatic Botany, 72(3-4): 261-274.

DOYLE J J, DOYLE J L, 1990. Isolation of plant DNA from fresh tissue[J]. Focus, 12(1): 13-15.

DZIGA D, SUDA M, BIALCZYK J, et al, 2007. The alteration of *Microcystis aeruginosa* biomass and dissolved microcystin-LR concentration following exposure to plant-producing phenols[J]. Environmental Toxicology, 22(4): 341-346.

EDWARDS D J, MARQUEZ B L, NOGLE L M, et al, 2004. Structure and Biosynthesis of the Jamaicamides, New Mixed Polyketide-Peptide Neurotoxins from the Marine Cyanobacterium *Lyngbya majuscule*[J]. Chemistry & Biology, 11(6): 817-833.

EULLAFFROY P, FRANKART C, AZIZ A, et al, 2009. Energy fluxes and driving forces for photosynthesis in Lemna minor exposed to herbicides[J]. Aquatic Botany, 90(2): 172-178.

EULLAFFROY P, VERNET G, 2003. The F684/F735 chlorophyll fluorescence ratio: a potential tool for rapid detection and determination of herbicide phytotoxicity in algae[J]. Water Research, 37(9): 1983-1990.

FRANCY D S, BRADY A M G, ECKER C D, et al, 2016. Estimating microcystin levels at recreational sites in western Lake Erie and Ohio[J]. Harmful Algae, 58: 23-34.

GE F, XU Y, ZHU R L, et al, 2010. Joint action of binary mixtures of cetyltrimethyl ammonium chloride and aromatic hydrocarbons on Chlorella vulgaris[J]. Ecotoxicology and Environmental Safety, 73(7): 1689-1695.

GILIBERTI G, BACCIGALUPI L, CORDONE A, et al, 2006. Transcriptional analysis of the recA gene of Streptococcus thermophiles[M]. Microbial Cell Factories, 5: 1-8.

GÓMEZ E B, JOHANSEN J R, KAŠTOVSK J, et al, 2016. Macrochaete gen. nov. (Nostocales, Cyanobacteria), a taxon morphologically and molecularly distinct from Calothrix[J]. Journal of Phycology, 52(4): 638-655.

GOTTESMAN S, 2003. Proteolysis in bacterial regulatory circuits[J]. Annual Review of Cell and Developmental Biology, 19: 565-587.

GOVINDJEE, 1995. Sixty-three years since Kautsky: chlorophyll a fluorescence[J]. Australian Journal of Plant Physiology, 22(2): 131-160.

GRAHAM L E, WILCOX L W, 2000. Algae[M]. London: Prentice-Hall.

GROSS E M, 2003. Allelopathy of aquatic autotrophs[J]. Critical Reviews In plant. Sciences, 22 (3): 313-339.

GROSS E M, GENE E L, 2009. Allelochemical reactions[M]. //LIKENS G E, (Eds.). Encyclopedia of inland waters (pp. 715-726). Oxford.

GUGGER M, LYRA C, SUOMINEN I, et al, 2002. Cellular fatty acids as chemotaxonomic markers of the genera Anabaena, Aphanizomenon, Microcystis, Nostoc and Planktothrix(cyanobacteria)[J]. International Journal of Systematic and Evolutionary Microbiology, 52: 1007-1015.

GUO L, 2007. Doing battle with the green monster of Taihu Lake[J]. Science, 317(5842): 1166.

HAANDE S, ROHRLACK T, SEMYALO R P, et al, 2011. Phytoplankton dynamics and cyanobacterial dominance in Murchison Bay of Lake Victoria (Uganda) in relation to environmental conditions [J]. Limnologia, 41(1): 20-29.

HANMAN K, MIYAGAWA K, MATSUZAKI S, 1983. Ocuurrence of sym-homospermidine as the major polyamine in nitrogen-fixing cyanobacteria[J]. Biochemical and Biophysical Research Communications, 112: 606-613.

HARKE M J, STEFFEN M M, GOBLER C J, et al, 2016. A review of the global ecology, genomics, and biogeography of the toxic cyanobacterium, Microcystis spp.[J]. Harmful Algae, 54: 4-20.

HEGEWALD E, KNEIFEL H, 1983. Amine in algen IX. das vorkommen von polyaminen in blaualgen [J]. Arch. Hydrobiol. Suppl. , 67: 19-28.

HENTSCHKE G S, JOHANSEN J R, PIETRASIAK N, et al, 2016. Phylogenetic placement of Dapisostemon gen. nov. and Streptostemon, two tropical heterocytous genera (Cyanobacteria)[J]. Phytotaxa, 245（2）: 129-143.

HONDA T, TAKAHASHI H, SAKO Y, et al, 2014. Gene expression of Microcystis aeruginosa during infection of cyanomyovirus Ma-LMM0[J]. Fisheries Science, 80(1): 83-91.

HORLING F, LAMKEMEYER P, KÖNIG J, et al, 2003. Divergent light, ascorbate, and oxidative stress dependent regulation of expression of the peroxiredoxin gene family in Arabidopsis[J]. Plant Physiology, 131(1): 317-325.

HOU X Y, HUANG J, TANG J H, et al, 2019. Allelopathic inhibition of juglone (5-hydroxy-1, 4-naphthoquinone) on the growth and physiological performance in Microcystis aeruginosa[J]. Journal of Environmental Management, 232: 382-386.

HUANG H M, XIAO X, GHADOUANI A, et al, 2015. Effects of natural flavonoids on photosynthetic activity and cell integrity in Microcystis aeruginosa[J]. Toxins, 7(1): 66-80.

HUANG H M, XIAO X, LIN F, et al, 2016. Continuous-release beads of natural allelochemicals for the long-term control of cyanobacterial growth: Preparation, release dynamics and inhibitory effects [J]. Water Research, 95: 113-123.

ISHIDA K, MURAKAMI M, 2000. Kasumigamide, an antialgal peptide from the cyanobacterium Microcystis aeruginosa[J]. Journal of Organic Chemistry, 65(19): 5898-5900.

ITO E, TAKAI A, KONDO F, et al, 2002. Comparison of protein phosphatase inhibitory activity and apparent toxicity of microcystins and related compounds[J]. Toxicon, 40: 1017-1025.

ITO K, AKIYAMA Y, 2005. Cellular functions, mechanism of action, and regulation of FtsH protease [J]. Annual Review of Microbiology, 59: 211-231.

JäHNICHEN S, JäSCHKE K, WIELAND F, et al, 2011. Spatio-temporal distribution of cell-bound and dissolved geosmin in Wahnbach Reservoir: Causes and potential odor nuisances in raw water [J]. Water Research, 45: 4973-4982.

JANSSON M, OLSSON H, PETTERSSON K, 1988. Phosphatases; origin, characteristics and function in lakes[J]. Hydrobiologia, 170(1): 157-175.

JÜTTNER F, 1976. β-Cyclocitral and alkanes in *Microcystis* (Cyanophyceae)[J]. Zeitschrift für Naturforschung C, 31: 491-495.

JÜTTNER F, WATSON S B, 2007. Biochemical and ecological control of geosmin and 2-methylisoborneol in source waters[J]. Applied and Environmental Microbiology, 73(14): 4395-4406.

KAEBERNICK M, NEILAN B A, BÖRNER T, et al, 2000. Light and the transcriptional response of the microcystin biosynthesis gene cluster[J]. Applied and Environmental Microbiology, 66(8): 3387-3392.

KAEBERNICK M, ROHRLACK T, CHRISTOFFERSEN K, et al, 2001. A spontaneous mutant of microcystin biosynthesis: Genetic characterization and effect on Daphnia[J]. Environmental Microbiology, 3: 669-679.

KALIN M, CAO Y, SMITH M, et al, 2011. Development of the phytoplankton community in a pit-lake in relation to water quality changes[J]. Water Research, 35(13): 3215-3225.

KASAI F, KAWACHI M, ERATA M, et al, 2004. NIES-collection, list of strains[J]. 7th ed. Tsukuba: National Institute for Environmental Studies Japan: 257.

KASAI F, TAKAMURA N, HATAKEYAMA S, 1993. Effects of smetryne on growth of various freshwater algal taxa[J]. Environmental Pollution, 79(1): 77-83.

KAWASAKI Y, WADA C, YURA T, 1990. Roles of *Escherichia coli* heat shock proteins DnaK, DnaJ and GrpE in mini-F plasmid replication[J]. Molecular Genetics and Genomics, 220: 277-282.

KOCIOLEK J P, YOU Q M, WANG Q X, et al, 2015. A Consideration of some interesting freshwater gomphonemoid diatoms from North America and China, and the description of Gomphosinica, gen. nov. [J]. Nova Hedwigia, 144: 175-198.

KOMÁREK J, KŠSTOVSK J, MAREŠ J, et al, 2014. Taxonomic classification of cyanoprokaryotes (cyanobacterial genera) 2014, using a polyphasic approach[J]. Preslia, 86(4): 295-335.

KONG C H, WANG P, ZHANG C X, et al, 2006. Herbicidal potential of allelochemicals from *Lantana camara* against *Eichhornia crassipes* and the alga Microcystis aeruginosa[J]. Weed Research, 46 (4): 290-295.

KÖRNER S, NICKLISCH A, 2002. Allelopathic growth inhibition of selected phytoplankton species by submerged macrophytes[J]. Journal of Phycology, 38(5): 862-871.

KOVÁČIK J, BABULA P, HEDBAVNY J, et al, 2015. Physiology and methodology of chromium toxicity using alga Scenedesmus quadricauda as model object[J]. Chemosphere, 120: 23-30.

KUNIYOSHI T M, SEVILLA E, BES M T, et al, 2013. Phosphate deficiency (N/P 40:1) induces mcyD transcription and microcystin synthesis in Microcystis aeruginosa PCC7806[J]. Plant Physiology and Biochemistry, 65(6): 120-124.

KURMAYER R, CHRISTIANSEN G, FASTNER J, et al, 2004. Abundance of active and inactive microcystin genotypes in populations of the toxic cyanobacterium Planktothrix spp. [J]. Environmental Microbiology, 6(8): 831-841.

KURMAYER R, KUTZENBERGER T, 2003. Application of real-time PCR for quantification of microcystin genotypes in a population of the toxic cyanobacterium Microcystis sp. [J]. Applied and Environmental Microbiology, 69: 6723-6730.

LANGKLOTZ S, BAUMANN U, NARBERHAUS F, 2012. Structure and function of the bacterial AAA protease FtsH[J]. Biochimica et Biophysica Acta, 1823: 40-48.

LEE Y C, JIN E S, JUNG S W, et al, 2013. Utilizing the algicidal activity of aminoclay as a practical treatment for toxic red tides[J]. Scientific Reports, 3: 1292.

LEFEBVRE K E, HAMILTON P B, 2015. Morphology and molecular studies on large *Neidium* species (Bacillarophyta) of North America, including an examination of Ehrenberg's types[J]. Phytotaxa, 220(3): 201-223.

LEPISTÖ L, HOLOPAINEN A L, Vuoristo H, 2004. Type - specific and indicator taxa of phytoplankton as a quality criterion for assessing the ecological status of Finnish boreal lakes[J]. Limnologica, 34(3): 236-248.

LI H, PAN G, 2015. Simultaneous removal of harmful algal blooms and microcystins using microorganism and chitosan modified local soil [J]. Environmental Science and Technology, 49 (10): 6249-6256.

LI R H, WATANABE M M, 2001. Physiological properties of planktonic species of Anabaena (Cyanobacteria) and their taxonomic value at species level[J]. Arch Hydrobiologia/Algological Studies, 103: 31-45.

LI R H, WATANABE M M, 2002. DNA base composition of planktonic species of Anabaena (Cyanobacteria) and its taxonomic value[J]. The Journal of General and Applied Microbiology, 48: 77-82.

LI R H, WATANABE M M, 2004. Fatty acid composition of planktonic species of Anabaena (Cyanobacteria) with coiled trichomes exhibited a significant taxonomic value[J]. Current Microbiology, 49: 376-380.

LI X C, DREHER T W, LI R H, 2016. An overview of diversity, occurrence, genetics and toxin production of bloom-forming Dolichospermum (Anabaena) species[J]. Harmful Algae, 54: 54-68.

LI X C, YANG Y, LI R H, 2015. Phenotypic and genotypic validation of the rare species Sphaerospermopsis eucompacta comb. nov. (Nostocales, Cyanobacteria) isolated from China[J]. Phycologia, 54(3): 299-306.

LIAN H L, XIANG P, XUE Y H, et al, 2020. Efficiency and mechanisms of simultaneous removal of Microcystis aeruginosa and microcystins by electrochemical technology using activated carbon fiber/nickel foam as cathode material[J]. Chemosphere, 252: 126431.

LICHTENTHALER H K, WELLBURN A R, 1983. Determinations of total carotenoids and chlorophylls a and b of leaf extracts in different solvents[J]. Biochemical Society Transactions, 11: 591-592.

LIN T F, CHANG D W, LIEN S K, et al, 2009. Effect of chlorination on the cell integrity of two nauseous cyanobacteria and their release of odorants[J]. Journal of Water Supply: Research and Technology-AQUA. 58(8): 539-551.

LIU B Y, JIANG P, ZHOU A E, et al, 2007. Effect of pyrogallol on the growth and pigment content of cyanobacteria-blooming toxic and nontoxic Microcystis aeruginosa[J]. Bulletin of Environmental

Contamination and Toxicology, 78(78): 499−502.

LIU G C, ZHENG H, ZHAI X W, et al, 2018. Characteristics and mechanisms of microcystin−LR adsorption by giant reed−derived biochars: Role of minerals, pores, and functional groups[J]. Journal of Cleaner Production, 176: 463−473.

LIU Q, KOCIOLEK J P, WANG Q X, et al, 2015. Two new Prestauroneis Bruder & Medlin (Bacillariophyceae) species from Zoigê Wetland, Sichuan Province, China, and comparison with Parlibellus E. J. Cox[J]. Diatom Research, 30(2): 133−139.

LIU Y, WANG F, CHEN X, et al, 2015a. Influence of coexisting spiramycin contaminant on the harm of Microcystis aeruginosa at different nitrogen levels[J]. Journal of Hazardous Materials, 285: 517−524.

LIU Y, ZHANG J, GAO B Y, 2015b. Cellular and transcriptional responses in Microcystis aeruginosa exposed to two antibiotic contaminants[J]. Microbial Ecology, 69(3): 535−543.

LIVAK K J, SCHMITTGEN T D, 2001. Analysis of relative gene expression data using real−time quantitative PCR and the $2^{-\Delta\Delta CT}$ method[J]. Methods, 25(4): 402−408.

LU Y P, WANG J, YU Y, et al, 2014. Changes in the phys−iology and gene expression of Microcystis aeruginosa under egcg stress[J]. Chemosphere, 117: 164−169.

LU Z Y, LIU B Y, HE Y, et al, 2014. Effects of daily exposure of cyanobacterium and chlorophyte to low−doses of pyrogallol[J]. Allelopathy Journal, 34(2): 195−206.

LUQUE I, ZABULON G, CONTRERAS A, et al, 2001. Convergence of two global transcriptional regulators on nitrogen induction of the stress−acclimation gene nblA in the cyanobacterium Synechococcus sp. PCC 7942[J]. Molecular Microbiology, 41(4): 937−947.

MA H Y, WU Y L, GAN N Q, et al, 2015. Growth inhibitory effect of *Microcystis* on Aphanizomenon flos−aquae isolated from cyanobacteria bloom in Lake Dianchi, China[J]. Harmful Algae, 42: 43−51.

MA J Y, WANG S F, WANG P W, et al, 2006. Toxicity assessment of 40 herbicides to the green alga Raphidocelis subcapitata[J]. Ecotoxicology and Environmental Safety, 63(3): 456−462.

MACÍAS F A, GALINDO J L G, GARCÍA−DÍAZ M D, et al, 2008. Allelopathic agents from aquatic e−cosystems: Potential biopesticides models[J]. Phytochemistry Reviews, 7(1): 155−178.

MAKOWER A K, SCHUURMANS J M, GROTH D, et al, 2015. Transcriptomics−aided dissection of the intracellular and extracellular roles of microcystin in Microcystis aeruginosa PCC 7806[J]. Applied and Environmental Microbiology, 81(2): 544−554.

MALMSTROM R R, RODRIGUE S, HUANG K H, et al, 2013. Ecology of uncultured Prochlorococcus clades revealed through single−cell genomics and biogeographic analysis[J]. ISME Journal, 7 (1): 184−198.

MANALI K M, ARUNRAJ R, KUMAR T, et al, 2016. Detection of microcystin producing cyanobacteria in Spirulina dietary supplements using multiplex HRM quantitative PCR[J]. Journal of Applied Phycology, 29: 1279-1286.

MARCHETTO A, PADEDDA B M, MARIANI M A, et al, 2009. A numerical index for evaluating phytoplankton response to changes in nutrient levels in deep Mediterranean reservoirs[J]. Journal of Limnology, 68(1): 106-121.

MARINHO M M, SOUZA M B, LURLING M, 2013. Light and phosphate competition between Cylindrospermopsis raciborskii and Microcystis aeruginosa is strain dependent[J]. Microbial Ecology, 66: 479-488.

MARTIN D, RIDGE I, 1999. The relative sensitivity of algae to decomposing barley straw[J]. Journal of Applied Phycology, 11: 285-291.

MCKNIGHT D M, CHISHOLM S W, HARLEMAN D R F, 1983. $CuSO_4$ treatment of nuisance algal blooms in drinking water reservoirs[J]. Environmental Management, 7: 311-320.

MENG P P, PEI H Y, HU W R, et al, 2015. Allelopathic effects of Ailanthus altissima extracts on Microcystis aeruginosa growth, physiological changes and microcystins release[J]. Chemosphere, 141: 219-226.

MIKALSEN B, BOISON G, SKULBERG O M, et al, 2003. Natural variation in the microcystin synthetase operon mcyABC and impact on microcystin production in microcystis strains[J]. Journal of Bacteriology, 185(9): 2774-2785.

MILUTINOVIĆ A, ŽIVIN M, ZORC-PLESKOVI R, et al, 2003. Nephrotoxic effect of chronic administration of microcystins-LR and -YR[J]. Toxicon, 42: 281-288.

MIZUUCHI K, O'DEA M H, GELLERT M, 1978. DNA gyrase: Subunit structure and ATPase activity of the purified enzyme[J]. Proceedings of the National Academy of Sciences of the United States of America, 75: 5960-5963.

MURTHY S D S, BUKHOV N G, MOHANTY P, 1990. Mercury-induced alterations of chlorophyll a fluorescence kinetics in cyanobacteria: Multiple effects of mercury on electron transport[J]. Journal of Photochemistry and Photobiology, B: Biology, 6(4): 373-380.

MUSACCHIO A, CAPUTO P, BONELLI, 1992. Isoenzymatic analysis of some freshwater Anabaena strains from southern Italy[J]. Biochemical Systematics and Ecology, 20(8): 753-759.

NAKAI S, HOSOMI M, 2002. Allelopathic inhibitory effects of polyphenols released by Myriophyllum spicatum on algal growth[J]. Allelopathy Journal. 10: 123-131.

NAKAI S, INOUE Y, HOSOMI M, et al, 2000. Myriophyllum spicatum-released allelopathic polyphenols inhibiting growth of blue-green algae Microcystis aeruginosa[J]. Water Research, 34: 3026-3032.

NAKAI S, YAMADA S, HOSOMI M, 2005. Anti-cyanobacterial fatty acids released from Myriophyl-lum spicatum[J]. Hydrobiologia, 543: 71-78.

NAKAI S, ZHOU S, HOSOMI M, et al, 2006. Allelopathic growth inhibition of cyanobacteria by reed [J]. Allelopathy Journal, 18: 277-285.

NEILAN B A, JACOBS D, GOODMAN A E, 1995. Genetic diversity and phylogeny of toxic cyanobac-teria determined by DNA polymorphisms within the phycocyanin locus. Applied and Environmental Microbiology, 61(11): 3875-3883.

NEILAN B A, PEARSON L A, MUENCHHOFF J, et al, 2013. Environmental conditions that influ-ence toxin biosynthesis in cyanobacteria[J]. Environmental Microbiology, 15(5): 1239-1253.

NI L X, ACHARYA K, HAO X Y, et al, 2012. Isolation and identification of an anti-algal compound from Artemisia annua and mechanisms of inhibitory effect on algae[J]. Chemosphere, 88(9): 1051-1057.

NI L X, JIE X T, WANG P F, et al, 2015. Effect of linoleic acid sustained-release microspheres on Microcystis aeruginosa antioxidant enzymes activity and microcystins production and release[J]. Chemosphere, 121: 110-116.

NI L X, RONG S Y, GU G X, et al, 2018. Inhibitory effect and mechanism of linoleic acid sustained-release microspheres on Microcystis aeruginosa at different growth phases[J]. Chemosphere, 212: 654-661.

NIXON P J, RÖGNER M, DINER B A, 1991. Expression of a higher plant psbA gene in Synechocys-tis 6803 yields a functional hybrid photosystem II reaction center complex[J]. Plant Cell, 3(4): 383-395.

OECD, 1982. Eutrophication of water, monitoring, assessment and control[J]. Organization for eco-nomic cooperation and development, Paris, France.

ORMEROD M G, 1990. Analysis of DNA-general methods[M]. //ORMEROD, M G (Eds.). Flow cytometry, a practical approach (pp. 69-87). Oxford: Oxford University Press.

OTSUKA S, SUDA S, LI R H, et al, 1999. Phylogenetic relationships between toxic and nontoxic strains of the genus Microcystis based on 16S to 23S internal transcribed spacer sequence[J]. FEMS Microbiology Letters, 172: 15-21.

Otsuka S, Suda S, Li R H, et al, 2000. Morphological variability of colonies of Microcystis mor-phospecies in culture[J]. Journal of General and Applied Microbiology, 46: 39-50.

PAERL H W, HUISMAN J, 2008. Blooms like it hot[J]. Science, 320(5872): 57-58.

PAERL H W, HUISMAN J, 2009. Climate change: a catalyst for global expansion of harmful cya-nobacterial blooms[J]. Environmental Microbiology Reports, 1(1): 27-37.

PAERL H W, OTTEN T G, 2013. Blooms bite the hand that feeds them[J]. Science, 342(6157):

433-434.

PAERL H W, TUCKER J, BLAND P T, 1983. Carotenoid enhancement and its role in maintaining blue-green (Microcystis aeruginosa) surface blooms [J]. Limnology and Oceanography, 28: 847-857.

PAN X L, ZHANG D Y, CHEN X, et al, 2009. Effects of levofloxacin hydrochloride on photosystem II activity and heterogeneity of Synechocystis sp. [J]. Chemosphere, 77(3): 413-418.

PFÜNDEL E E, 2003. Action of UV and visible radiation on chlorophyll fluorescence from dark-adapted grape leaves (Vitis vinifera L.)[J]. Photosynthesis Research, 75(1): 29-39.

PIMENTEL J S, GIANI A, 2014. Microcystin production and regulation under nutrient stress conditions in toxic Microcystis strains [J]. Applied and Environmental Microbiology, 80: 5836-5843.

PREMANANDH J, PRIYA B, PRABAHARAN D, et al, 2009. Genetic heterogeneity of the marine cyanobacterium Leptolyngbya valderiana (Pseudanabaenaceae) evidenced by RAPD molecular markers and 16S rDNA sequence data[J]. Journal of Plankton Research, 31(10): 1141-1150.

QIAN H F, LI J, PAN X J, et al, 2012. Effects of streptomycin on growth of algae Chlorella vulgaris and Microcystis aeruginosa[J]. Environmental Toxicology, 27(4): 229-237.

QIAN H F, XU X Y, CHEN W, et al, 2009. Allelochemical stress causes oxidative damage and inhibition of photosynthesis in Chlorella vulgaris[J]. Chemosphere, 75: 368-375.

QIN B Q, ZHU G W, GAO G, et al, 2010. A drinking water crisis in Lake Taihu, China: linkage to climatic variability and lake management[J]. Environmental Management, 45(1): 105-112.

RANTALA A, FEWER D P, HISBERGUES M, et al, 2004. Phylogenetic evidence for the early evolution of microcystin synthesis[J]. Proceedings of the National Academy of Sciences of the United States of America, 101(2): 568-573.

RATHI A, SRIVASTAVA A K, SHIRWAIKAR A, et al, 2008. Hepatoprotective potential of Fumaria indica Pugsley whole plant extracts, fractions and an isolated alkaloid protopine[J]. Phytomedicine, 15(6/7): 470-477.

RICE E L, 1984. Allelopathy[J]. 2nd edn. Orlando: Academic Press.

RZYMSKI P, PONIEDZIAŁEK B, KOKOCIŃSKI M, et al, 2014. Interspecific allelopathy in cyanobacteria: Cylindrospermopsin and Cylindrospermopsis raciborskii effect on the growth and metabolism of Microcystis aeruginosa[J]. Harmful Algae, 35: 1-8.

SABART M, POBEL D, LATOUR D, et al, 2009. Spatiotemporal changes in the genetic diversity in French bloom-forming populations of the toxic cyanobacterium, Microcystis aeruginosa[J]. Environmental Microbiology Reports, 1(4): 263-272.

SAHU G K, SABAT S C, 2011. Changes in growth, pigment content and antioxidants in the root and leaf tissues of wheat plants under the influence of exogenous salicylic acid[J]. Brazilian Journal of Plant Physiology, 23(3): 209-218.

SAKAI M, OGUMA K, KATAYAMA H, 2007. Effects of low- or medium-pressure ultraviolet lamp irradiation on Microcystis aeruginosa and Anabaena variabilis[J]. Water Research: A journal of the international water association, 41(1): 11-18.

SALLAL A K, NIMER N A, RADWAN S S, 1990. Lipid and fatty acids composition of fresh water cyanobaeteria[J]. Journal of General Microbiology, 136: 2043-2048.

SCHERZINGER D, AL - BABILI S, 2008. In vitro characterization of a carotenoid cleavage dioxygenase from Nostoc sp. PCC 7120 reveals a novel cleavage pattern, cytosolic localization and induction by highlight[J]. Molecular Microbiology, 69(1): 231-244.

SHAO J H, LIU D M, GONG D X, et al, 2013a. Inhibitory effects of sanguinarine against the cyanobacterium Microcystis aeruginosa NIES-843 and possible mechanisms of action[J]. Aquatic Toxicology, 142-143, 257-263.

SHAO J H, PENG L, LUO S, et al, 2013b. First report on the allelopathic effect of Tychonema bourrellyi (Cyanobacteria) against Microcystis aeruginosa (Cyanobacteria)[J]. Journal of Applied Phycology, 25: 1567-1573.

SHAO J H, WU Z X, YU G L, et al, 2009. Allelopathic mechanism of pyrogallol to Microcystis aeruginosa PCC7806 (Cyanobacteria): From views of gene expression and antioxidant system[J]. Chemosphere, 75(7): 924-928.

SHI W Q, TAN W Q, WANG L J, et al, 2016. Removal of Microcystis aeruginosa using cationic starch modified soils. Water Research, 97:19-25.

SINGH D P, TYAGI M B, KUMAR A, et al, 2001. Antialgal activity of a hepatotoxin-producing cyanobacterium, Microcystis aeruginosa[J]. World Journal of Microbiology and Biotechnology, 17(1): 15-22.

SINGH S, RAI P K, CHAU R, et al, 2015. Temporal variations in microcystin-producing cells and microcystin concentrations in two fresh water ponds[J]. Water Research, 69: 131-142.

SIRASSER R J, SRIVASTAVA A, GOVINDJEE, 1995. Polyphasic chlorophyll a fluorescence transient in plant and cyanobacteria[J]. Photochem. Photobiol, 61(1): 32-42.

SONG G F, XIANG X F, WANG Z J, et al, 2015. Polyphasic characterization of *Stigonema dinghuense* sp. nov. (Cyanophyceae, Nostocophycidae, Stigonemaceae), from Dinghu Mountain, south China[J]. Phytotaxa, 213 (3): 212-224.

SONG H Y, ZHANG Q, LIU G X, et al, 2015. Polulichloris henanensis gen. et sp. nov. (Trebouxiophyceae, Chlorophyta), a novel subaerial coccoid green alga[J]. Phytotaxa, 218(2): 137-146.

STACY B, WOONGGHI S, KARL M K, et al, 2003. Phylogeny of the photosynthetic euglenophytes inferred from the nuclear SSU and partial LSU rDNA[J]. International Journal of Systematic and Evolutionary Microbiology, 53: 1175-1186.

SUFFET I H, KHIARI D, BRUCHET A, et al, 1999. The drinking water taste and odor wheel for the millennium: Beyond geosmin and 2-methylisoborneol[J]. Water Science and Technology, 40(6): 1-13.

SUURNÄKKI S, GOMEZ-SAEZ G V, RANTALA-YLINEN A, et al, 2015. Identification of geosmin and 2-methylisoborneol in cyanobacteria and molecular detection methods for the producers of these compounds[J]. Water Research, 68: 56-66.

SVRCEK C, SMITH D W, 2004. Cyanobacteria toxins and the current state of knowledge on water treatment options: A review [J]. Journal of Environmental Engineering and Science, 3 (1): 155-185.

TAN W H, LIU Y, WU Z X, et al, 2010. cpcBA-IGS as an effective marker to characterize Microcystis wesenbergii (Komárek) Komárek (cyanobacteria)[J]. Harmful Algae, 9(6): 607-612.

TAYLOR M S, STAHL-TIMMINS W, REDSHAW C H, et al, 2014. Toxic alkaloids in Lyngbya majuscula and related tropical marine cyanobacteria[J]. Harmful Algae, 31: 1-8.

TILLETT D, DITTMANN E, ERHARD M, et al, 2000. Structural organization of microcystin biosynthesis in Microcystis aeruginosa PCC7806: An integrated peptide- polyketide synthetase system[J]. Chemistry & biology, 7(10): 753-764.

UENO Y, NAGATA S, TSUTSUMI T, et al, 1996. Detection of microcystins, a blue-green algal hepatotoxin, in drinking water sampled in Haimen and Fusui, endemic areas of primary liver cancer in China, by highly sensitive immunoassay[J]. Carcinogenesis, 17: 1317-1321.

VERSPAGEN J M H, SNELDER E O F M, VISSER P M, et al, 2005. Benthic-pelagic coupling in the population dynamics of the harmful cyanobacterium Microcystis[M]. Freshwater Biology, 50: 854-867.

VIDIGAL P, MARTIN-HERNANDEZ A M, GUIU-ARAGONÉS S, et al, 2015. Selective silencing of 2Cys and type-IIB peroxiredoxins discloses their roles in cell redox state and stress signaling[J]. Journal of Integrative Plant Biology, 7: 591-601.

VISSER P M, VERSPAGEN J M H, SANDRINI G, et al, 2016. How rising CO_2 and global warming may stimulate harmful cyanobacterial blooms[J]. Harmful Algae, 54: 145-159.

WAGNER R, AIGNER H, FUNK C, 2012. FtsH proteases located in the plant chloroplast[J]. Physiologia Plantarum, 145: 203-214.

WAN J J, GUO P Y, PENG X, 2015. Effect of erythromycin exposure on the growth, antioxidant system and photosynthesis of Microcystis flos - aquae [J]. Journal of Hazardous Materials, 283: 778-786.

137

WANG J, LIU Q, FENG J, et al, 2016a. Effect of high-doses pyrogallol on oxidative damage, transcriptional responses and microcystins synthesis in *Microcystis aeruginosa* TY001[J]. Ecotoxicology and Environmental Safety, 134: 273-279.

WANG J, LIU Q, FENG J, et al, 2016b. Photosynthesis inhibition of pyrogallol against the bloom-forming cyanobacterium *Microcystis aeruginosa* TY001[J]. Polish Journal of Environmental Studies, 25(6): 2601-2608.

WANG J, ZHU J Y, LIU S P, 2011. Generation of reactive oxygen species in cyanobacteria and green algae induced by allelochemicals of submerged macrophytes[J]. Chemosphere, 85: 977-982.

WANG S Z, CHEN F L, MU SY, et al, 2013. Simultaneous analysis of photosystem responses of Microcystis aeruginoga under chromium stress[J]. Ecotoxicology and Environmental Safety, 88(7): 163-168.

WANG S Z, ZHANG D Y, PAN X L, 2012. Effects of arsenic on growth and photosystem II (PS II) activity of Microcystis aeruginosa[J]. Ecotoxicology and Environmental Safety, 84(7): 104-111.

WARIDEL P, WOLFENDER J L, LACHAVANNE J B, et al, 2003. Ent-Labdane diterpenes from the aquatic plant Potamogeton pectinatus[J]. Phytochemistry, 64: 1309-1317.

WATANABE M F, OISHII S, 1985. Effects of environmental factors on toxicity of a cyanobacterium (Microcystis aeruginosa) under culture conditions[J]. Applied and Environmental Microbiology, 49(5): 1342-1344.

WELCH I, BARRETT P, GIBSON M, et al, 1990. Barley straw as an inhibitor of algal growth I: Studies in the Chesterfield Canal[J]. Journal of Appllied Phycology, 2(3):231-239.

WICKS R J, THIEL P G, 1990. Environmental factors affecting the production of peptide toxins in floating scums of cyanobacterium Microcystis aeruginosa in a hypertrophic African reservoir[J]. Environmental Science and Technology, 24(9): 1413-1418.

WU X, WU H, WANG S J, et al, 2018. Effect of propionamide on the growth of, Microcystis flosaquae, colonies and the underlying physiological mechanisms[J]. Science of the Total Environment, 630: 526-535.

WU Z X, GAN N Q, SONG L R, 2007. Genetic diversity: Geographical distribution and toxin profiles of Microcystis strains (Cyanobacteria) in China[J]. Journal of Integrative Plant Biology, 49(3): 262-269.

WU Z X, SHI J Q, YANG S Q, 2013. The effect of pyrogallic acid on growth, oxidative stress, and gene expression in Cylindrospermopsis raciborskii (Cyanobacteria)[J]. Ecotoxicology, 22(2): 271-278.

XIAN Q M, CHEN H D, LIU H, et al, 2006. Isolation and identification of antialgal compounds from the leaves of Vallisneria spiralis L. by activity-guided fractionation[J]. Environmental Science and

Pollution Research, 13(4): 233-237.

XIAO X, HAN Z Y, CHEN Y X, et al, 2011. Optimization of FDA-PI method using flow cytometry to measure metabolic activity of the cyanobacteria, Microcystis aeruginosa [J]. Physics and Chemistry of the Earth, 36: 424-429.

XIAO X, HUANG H M, GE Z W, et al, 2014. A pair of chiral flavonolignans as novel anti-cyanobacterial allelochemicals derived from barley straw (Hordeum vulgare): Characterization and comparison of their anti-cyanobacterial activities [J]. Environmental Microbiology, 16 (5): 1238-1251.

XUE L G, ZHANG Y, ZHANG T G, et al, 2005. Effects of enhanced ultraviolet-B radiation on algae and cyanobacteria[J]. Critical Reviews in Microbiology, 31(2): 79-89.

YANG J, DENG X R, XIAN Q M, et al, 2014. Allelopathic effect of Microcystis aeruginosa on Microcystis wesenbergii: microcystin-LR as a potential allelochemical[J]. Hydrobiologia, 727: 65-73.

YANG Z, KONG F X, 2015. UV-B exposure affects the biosynthesis of microcystin in toxic Microcystis aeruginosa cells and its degradation in the extracellular space[J]. Toxins, 7: 4238-4252.

YOSHIDA M, YOSHIDA T, SATOMI M, et al, 2008. Intra-specific phenotypic and genotypic variation in toxic cyanobacterial Microcystis strains[J]. Journal of Applied Microbiology, 105: 407-415.

YOUNG C C, SUFFET I H, CROZES G, et al, 1999. Identification of a woody-hay odor-causing compound in a drinking water supply[J]. Water Science and Technology, 40(6): 273-278.

YU S Z, 1995. Primary prevention of hepatocellular-carcinoma[J]. Journal of Gastroenterology and Hepatology, 10(6): 674-682.

YUAN X Z, SHI X S, ZHANG D L, et al, 2011. Biogas production and microcystin biodegradation in anaerobic digestion of blue algae[J]. Energy & Environmental Science, 4(4): 1511-1515.

ZAKRYŚ B, KARNKOWSKA-ISHIKAWA A, ŁUKOMSKA-KOWALCZYK M, et al, 2013. A new photosynthetic euglenoid isolated in Poland: Euglenaria clepsydroides sp. nov. (Euglenea) [J]. European Journal of Phycology, 48(3): 260-267.

ZENG S J, YUAN X Z, SHI X S, et al, 2010. Effect of inoculum/substrate ratio on methane yield and orthophosphate release from anaerobic digestion of Microcystis spp. [J]. Journal of Hazardous Materials, 178(1/3): 89-93.

ZHANG C, LING F, YI Y L, et al, 2014. Algicidal activity and potential mechanisms of ginkgolic acids isolated from Ginkgo biloba exocarp on Microcystis aeruginosa[J]. Journal of Applied Phycology, 26(1): 323-332.

ZHANG S Z, FU W Y, LI N, et al, 2015. Antioxidant responses of Propylaea japonica (Coleoptera: Coccinellidae) exposed to high temperature stress[J]. Journal of Insect Physiology, 73: 47-52.

ZHAO P C, WANG Y M, HUANG W, et al, 2020. Toxic effects of terpinolene on Microcystis aeruginosa: Physiolog-ical, metabolism, gene transcription, and growth effects[J]. Science of the Total Environment, 719: 1-10.

ZHAO W, ZHENG Z, ZHANG J L, et al, 2019. Allelopathically inhibitory effects of eucalyptus extracts on the growth of Microcystis aeruginosa[J]. Chemosphere, 225: 424-433.

ZHAO Y, LIU W S, LI Q, et al, 2015. Multiparameter-based bioassay of 2-(4-Chlorophenyl)-4-(4-methoxyphenyl) quinazoline, a newly-synthesized quinazoline derivative, toward Microcystis aeruginosa HAB5100 (Cyanobacteria) [J]. Bulletin of Environmental Contamination and Toxicology. 94(3): 376-381.

ZHENG G L, XU R B, CHANG X X, et al, 2013. Cyanobacteria can allelopathically inhibit submerged macrophytes: Effects of Microcystis aeruginosa extracts and exudates on Potamogeton malaianus[J]. Aquatic Botany, 109: 1-7.

ZHU H, ZHAO Z J, XIA S, et al, 2015. Morphological examination and phylogenetic analyses of *Phycopeltis* spp. (Trentepohliales, Ulvophyceae) from tropical China [J]. PLoS ONE, 10 (2): e0114936.

ZHU L, WU Y L, SONG L R, et al, 2014. Ecological dynamics of toxic Microcystis spp. and microcystin-degrading bacteria in Dianchi Lake, China[J]. Applied and Environmental Microbiology, 80 (6): 1874-1881.

ZHU Z, LIU Y, ZHANG P, et al, 2014. Co-culture with Cyperus alternifolius induces physiological and biochemical inhibitory effects in Microcystis aeruginosa[J]. Biochemical Systematics and Ecology, 56: 118-124.

ZUCKERKANDL E, PAULING L, 1965. Molecules as documents of evolutionary history[J]. Journal of Theoretical Biology, 8(8): 357-366.